U0166756

柳宗悦文集

茶与美

[日本] 柳宗悦 著

徐艺乙 译

江苏凤凰美术出版社

图书在版编目(CIP)数据

茶与美 /（日）柳宗悦著 ；徐艺乙译. — 南京 ：江苏凤凰美术出版社，2024.6

（柳宗悦文集）

ISBN 978-7-5741-1723-5

Ⅰ. ①茶… Ⅱ. ①柳… ②徐… Ⅲ. ①茶道—研究—日本 Ⅳ. ①TS971.21

中国国家版本馆 CIP 数据核字(2024)第 038714 号

责任编辑 韩 冰
项目执行 高家融
责任设计编辑 赵 秘
装帧设计 薛冰焰
责任校对 王左佐
责任监印 唐 虎

丛 书 名 柳宗悦文集
书 名 茶与美
著 者 [日本]柳宗悦
译 者 徐艺乙
出版发行 江苏凤凰美术出版社(南京市湖南路 1 号 邮编:210009)
制 版 江苏凤凰制版有限公司
印 刷 苏州市越洋印刷有限公司
开 本 889 mm×1 194 mm 1/32
印 张 10
版 次 2024 年 6 月第 1 版 2024 年 6 月第 1 次印刷
标准书号 ISBN 978-7-5741-1723-5
定 价 72.00 元

营销部电话 025-68155675 营销部地址 南京市湖南路 1 号
江苏凤凰美术出版社图书凡印装错误可向承印厂调换

我们应该怎样认识柳宗悦[①]

今年，是日本民艺之父、美术评论家柳宗悦（1889—1961）先生逝世60周年，也是其重要著作《工艺文化》的中译本（中国轻工业出版社1991年版）在中国出版30周年。通过近40年来大量的、相关的、多方面的介绍，人们对日本的民艺运动及其倡导者柳宗悦已经逐渐熟悉起来。

如今，柳宗悦已经成为许多人耳熟能详的名字。一般艺术专业的老师和学生，提到柳宗悦都不会陌生，有的还能就柳宗悦的简历、著作及其工艺文化思想说上几句。应该说，这是个好现象。记得在若干年前投稿到某杂志社，编辑问柳宗悦为何人，要求详细介绍其履历。听其口气，似乎若是无名鼠辈就不再刊发。然而，现在的情况已经有了根本性的改变。

虽说中国人对柳宗悦及其事业已经不再陌生，但如何准确地认识柳宗悦与民艺运动的意义仍然还有许多问题。这需要予以重视。

---

① 本文为江苏凤凰美术出版社出版的、徐艺乙主编的《柳宗悦文集》总序。

一

现在，除学习工艺、设计等专业的老师和同学以及文化学者之外，在社会上还有很多的医生、企业家、家庭主妇等也对其美学观点和民艺运动感兴趣。社会和高校还曾多次举办介绍柳宗悦生平及其思想的演讲会。许多学者也在多个杂志上发表文章，讨论柳宗悦思想的形成与作用。

在多数的演讲与文章中，许多人异口同声地说柳宗悦主导的民艺运动曾受到英国的“工艺美术运动”的影响。特别是那些英文较好的人，看了许多国外的文献，接受了西方人主张的观点。这是一件很奇怪的事情！研究日本的名人，一不看其本人自己的陈述，二不看其同时代日本人的介绍和评论，而是依据西方人的说法去演绎出长篇的文章和大段的演讲。这也反映了学风、学品问题。

众所周知，西方人历来看不起东方人，早期是看不到东方民族的历史文明，后来能看到时又无法理解，近代以来就主要看东方民族的缺陷，认为东方人是落后民族，社会制度不够先进，体格不够强壮，居住环境不够整洁，思想也比较落后。像“民艺”（mingei）这样的已经进入《英语大辞典》的词目，以及在国际上有着深远影响的民艺运动，怎么可能是日本人发明的？事实上，由于文化上的差异，难以理解的日语，让许多西方学者无法深度阅读日本的文献。考虑到日本社会曾经的“脱亚入欧”运动，于是他们就在西方找了一个差不多的运动——英国的“工艺美术运动”，说是在这样的运动影响下才有日本的民艺运动。

其实不然，柳宗悦曾于 1927 年 10 月在《工艺美论的先驱者》一文中谈道：“我的关于工艺之美的思想是极其孤独的。”“毫无疑义，我的思想是建立在我之直观与内省的基础上的。我已经意识到，这样的结果与一般的见解有着无法逾越的鸿沟。”[1] 在这篇文章第一段的末尾，柳宗悦做了个说明，“我对拉斯金和莫里斯的熟悉则是最近的事情。前不久出版的由大熊信行氏著的《作为思想家的拉斯金和莫里斯》，让我对两位思想家有了新的认识”[2]。柳宗悦接着又说：“我们不可能将工艺之本道寄托在他的烦琐的、美术性的、浪漫主义的作品之上，的确也没有寄托。我们要树立的是在质朴之中、用品之中以及日常生活之中的工艺，而不是像他的作品那样的贵重物品和装饰品。”[3] 他特别强调，“拉斯金和莫里斯对民艺没有明确的认识。”[4] 可见柳宗悦对拉斯金和莫里斯的认识是清醒的。

柳宗悦的民艺思想是在日本传统文化的熏陶下形成的，源于自身实践的验证，最初是从收藏旧东西开始的。柳宗悦出生于日本的大正年间，在其父母的引导下，能够对明治以前的日本传统文化有所了解。其父亲柳楢悦是个在海军技术教育培训部门任职的少将，业余时间喜欢收藏，曾在自家庭院中种植各种各样的植物，名曰“百树园”；曾经组织海洋产物博览会。其父亲的收藏是博物学者的收藏，而柳宗悦的收藏虽然曾受到父亲的影响，但主要是从自己的研究中派生出来的兴趣。“柳宗悦的收藏始于朝鲜的陶瓷器，不久，柳宗悦的兴趣就转移到了日本职人制作的日常生活用品上，而那时起到重要作用的，是柳宗悦一家在京都的滞留。”[5] 在 1923 年日本关东大地震中，因柳宗悦长兄柳悦多惨遭不幸，故全家暂时移居京都。在京都期间，柳宗悦的兴趣在当地的几个旧货市场，在这些市场上，他收集到大量的朝鲜李朝瓷器和日本民间陶瓷器、染织物、木作、竹编、藤编等日常使用的器具。如今，这些器具已经成为日本民艺馆的珍贵馆藏和陈列品。

由收藏民间器具入手，柳宗悦在研究民艺的进程中，多次进行田野作业，与一些志同道合者共同对日本的传统手工艺进行了大量的调查研究，这些内容曾反复在他的文章中呈现。同时，作为研究民艺的学者，柳宗悦在阅读日本的历史文献，考证许多民艺品类之源流的同时，还进行过多个个案研究，这些成果集中在他的《茶与美》《物与美》《民与美》以及《大津绘》《木喰上人》《日本手工艺》《和纸之美》等著作中。这些著作构成了柳宗悦的工艺文化思想体系，值得研究者和爱好者认真研读。

二

关于“民艺”一词，柳宗悦自己的说法是：“所谓‘民艺’，是一新的词汇。正因如此，有时被解释为‘民俗艺术’的缩略语，有时又与‘农民美术’相混同。此外，也有用‘民众艺术’这样的华美辞藻来释义的。然而，我们却是以最质朴的意义，取‘民众’的‘民’与‘工艺’的‘艺’，从而创造了‘民艺’这一词汇。因此，按字面解释‘民艺’，即‘民众的工艺’。也就是说，是与‘贵族的工艺美术’相对立的工艺。普通民众日常使用的器具即民艺品，简言之，也可称为民器。人们生活中必需的日常用品，如衣服、家具、餐具、文具用品等均可列入民艺品。俗语中的‘粗货’‘俗物’‘杂货’等零星杂物，皆属民艺品之列”。[6] 在这里，柳宗悦从字面意义角度，将“民艺”一词的性质、范围和文化意义诠释得非常清楚。

至于“民艺”一词的创建，柳宗悦在 1947 年的回忆中谈道：“这是大正十五年（1926）1 月 10 日的事。当时，我们周游了纪伊半岛各地，在高野的山庙里准备结束这次旅行。那天夜里，我们议论要建立民艺馆，大家以愉悦的心情一直谈论到深夜。”[7] 其实在前一年，“大正十四年（1925）12 月 28 日，柳宗悦与河井宽次郎、浜田庄司去纪州调查木喰，在去津地的车中，创造出民众的工艺的略语‘民艺’，在《日本民艺馆》中引用，可以看出这是公开词语的意向。另外，即使看到除此之外，还有两三种不同的说法，也可以看出造词并不顺利”[8]。由此也可以看出柳宗悦做人的厚道，在涉及利益时关于朋友的问题绝不多说一句。他在学术研究上是坚毅的，但对友人却很宽容。

但是不管怎么说，“民艺”一词在日本社会得到普及，并推广到国际社会（《英语大辞典》将“mingei”【民艺】一词收入并列为专门名词，而不是用“Folk Crafts”来注释民艺）。这样的普及，对宣传日本的历史文明，对日本传统文化的振兴起到了很好的推动作用。事实上，不只是创建“民艺”一词那么简单。当时，日本近代思想家福泽谕吉提出“脱亚入欧”的口号，推动和促成日本的明治维新，倡导日本社会的“全面西化”。此口号得到日本政府的迅速响应，在政府的强力推动下，日本的国家制度、文化教育、科技研究、生活方式等开始全面学习欧美国家，而把传统文化边缘化，当时的日本学术界鲜有人论及历史文化，对传统文化噤若寒蝉。在这样的背景下，柳宗悦能够逆流而动，鲜明地提出“民艺”的概念，发起民艺运动，通过振兴民艺来弘扬日本传统文化，并且身体力行地研习民艺，调查日本的传统手工艺，在多个地方举办展览，筹建日本民艺馆，开办销售民艺品的商店，写出大量文章，出版各类著作，编辑相关画册等。如果没有对传统文化的坚定信念，是做不出这番事业的。

三

十年前，日本武藏野美术大学前校长、日本研究柳宗悦与民艺运动最权威的专家水尾比吕志教授在纪念柳宗悦逝世50周年时说：“今天，柳宗悦倡导的工艺的重要性，尤其是对民艺之美的认识，已经成为世间的常识，扩展到海外。但是也不能否定，这种认识和一般化已经陷入有点离题的状况。机械技术和信息的文明，以生活的便利和便宜为基准来判断并评价的风潮蔓延开来，几乎朝着扩大其功能的方向暴走。另外，现代的人类社会，在物质丰富的时代，人们在物质文明的快乐毒素下，正常工作着的人们的心被麻痹，对精神文化和人的生存方式，丧失了正确的判断。”[9]当时的日本是这样，现在的中国也好不到哪里。

自20世纪80年代开始，“民艺”一词的热度在中国逐渐升高，成为人们耳熟能详的名词。一些人接过了这个名词，加上“中国”二字，宣称创造了中国民艺学，号称自己是中国民艺学之父；还有一些人（不懂日语）看了几本介绍柳宗悦的书（中英文）就开始写文章，说自己是中国研究柳宗悦第一人；还有一些人去日本走马观花式地参观了民艺馆，在馆内买了几本日文书，回来就大谈其民艺思想，并且还组织一些小朋友讨论他的民艺思想。这是很滑稽的事情！奉劝某些人不要着急称“父”，也不要急着争“第一人”。当你的研究和事业有了成绩和基础，这些名望自然而然就有了。

要想全面了解柳宗悦，就必须深入了解柳宗悦的家庭出身、学习经历、所处历史时期和柳宗悦的研究历程、事业、著作，了解他的思想。柳宗悦出身于日本的高官家庭，虽然父亲早逝，但他的生活依然衣食无忧。他早年就读于日本贵族学习院，学习成绩优异，并与同学结成白桦社，出版《白桦》杂志。大学就读于东京帝国大学史学院哲学科，专攻心理学，毕业后开始研究宗教哲学。他受父亲的影响从事收藏，最初是以朝鲜的李朝瓷器为主。1914 年 9 月，一位名叫浅川伯教的朝鲜青年来到了柳宗悦的寓所拜访，送给他一件李朝的釉下青花瓷器秋草纹方壶，极大地震撼了柳宗悦的心灵。他后来在《白桦》杂志的“我孙子来函”栏目中写下他的感想：“首先，想叙述一项最近新发现的器物造型美，这种至真至善的美，乃得自朝鲜瓷器。我从未想到过，在一向不为我所重视的日常琐碎事物中，居然也有这般超俗的工艺之美，更想不到竟由此发现了自己真正兴趣之所在。”[10]这样的兴趣成为他一生的追求，并演化成其民艺的观念和思想。柳宗悦的长子、日本第一代设计艺术家柳宗理曾在《民艺论》中译本序中说过：“过去，柳宗悦的著述曾被译成英文、意大利文、法文、德文等多种文字出版，因而使柳宗悦之名广为人知。柳宗悦的著述是多方面的，其中，关于‘民艺’的论文是他的思想的精髓。”[11]柳宗悦的一生著述丰富，仅《柳宗悦全集》就有22卷25册之巨，其中大约有三分之一是关于民艺的论述。

对于中国传统手工艺的从业人员、研究者和爱好者来说，认真研读柳宗悦的著作，可以从中得到许多的启示，从中学习日本的工艺文化，学习柳宗悦坚守传统文化的精神，学习柳宗悦研究日本传统手工艺的方法。当然，对于外国的工艺理论，我们的基本态度一以贯之，“引进柳宗悦的民艺理论，虽然有‘他山之石，可以攻玉’之意，却不是直接可以使用的。因为这样的理论，是在日本的土地上产生出来的，若是在中国直接使用，就有可能会‘水土不服’”[12]。中国人的传统手工艺理论，只有建立在中国人的工艺基础上，才能从根本上解决中国的问题。

当前，我们的国家正在全面复兴传统文化，传统手工艺作为中国传统文化的重要组成部分，受到空前的关注和重视。在十九届五中全会上通过的《中共中央关于制定国民经济和社会发展第十四个五年规划和二〇三五年远景目标的建议》指出，“加强各民族优秀传统手工艺保护和传承”[13]。作为中国人生活方式之物质基础的传统手工艺，在《中国传统工艺振兴计划》的指导下，其传统的恢复与重建的工作正在有条不紊地进行。随着非物质文化遗产保护工作的深入，在国家有关政策的扶持下，全国各民族的手工艺人、非遗项目的代表性传承人、工艺美术大师和其他从业人员，正在鼓足干劲，努力创造，积极创新，争取拿出更多更好的传统手工艺产品来，为人民群众丰富生活、美化生活、创造生活而提供优质资源。

徐艺乙

2021年3月

译注

[1]【日】柳宗悦《工芸美論の先駆者に就て》(译文发表于《民艺》2020 年第 4 期),《柳宗悦全集》卷 8，東京：筑摩書房，1980 年 11 月，第 194 页。

[2]【日】柳宗悦《工芸美論の先駆者に就て》(译文发表于《民艺》2020 年第 4 期),《柳宗悦全集》卷 8，東京：筑摩書房，1980 年 11 月，第 195 页。

[3]【日】柳宗悦《工芸美論の先駆者に就て》(译文发表于《民艺》2020 年第 4 期),《柳宗悦全集》卷 8，東京：筑摩書房，1980 年 11 月，第 204 页。

[4]【日】柳宗悦《工芸美論の先駆者に就て》(译文发表于《民艺》2020 年第 4 期),《柳宗悦全集》卷 8，東京：筑摩書房，1980 年 11 月，第 204 页。

[5]【日】鶴見俊輔《柳宗悦》,《平凡社選書》48，東京：平凡社，1976 年 10 月，第 187 页。

[6]【日】柳宗悦《民芸の趣旨》,《民芸四十年》,《岩波文庫》169－1，東京：岩波書店，1984 年 11 月，第 159 页。

[7]【日】柳宗悦《日本民芸館案内》,《民芸四十年》,《岩波文庫》169－1，東京：岩波書店，1984 年 11 月，第 174 页。

[8]【日】岡村吉右衛門《柳宗悦と初期民芸運動》，東京：玉川大学出版部，1991 年 10 月，第 25 页。

[9]【日】水尾比呂志《柳宗悦展によせて》，アイノバ編集《柳宗悦展》，東京：NHKプロモーション，2011 年 9 月，第 11 页。

[10]【日】柳宗悦“我孙子来函”,《白桦》1914 年 12 月，第 47 页。

[11]【日】柳宗悦著，徐艺乙主编，孙建君、黄豫武、石建中译，徐艺乙校注

《民艺论》，南昌：江西美术出版社，2002 年 3 月，第 1 页。

[12]【日】柳宗悦著，徐艺乙主编，孙建君、黄豫武、石建中译，徐艺乙校注《民艺论》，南昌：江西美术出版社，2002 年 3 月，第 10－11 页。

[13]《中共中央关于制定国民经济和社会发展第十四个五年规划和二〇三五年远景目标的建议》，引自中国网＞新闻中心，http://news.china.com.cn/2020－11/03/content_76872327.htm 2020－11－03 18:13:14。

新版序

这本书名为“茶与美”，其初版是在昭和十六年（1941），再版是在昭和二十七年（1952）。这一次的新版为第三版，内容与前两版已有很大不同，一半是旧有的，一半是新增加的，可谓面目一新。由于是将与“茶”有关的论稿编辑成集，其文字多是与“茶与美”有关的。这本书与此前的《民与美》《物与美》一同，可以视为姊妹篇。

通过本文的叙述，从“茶”的历史来看，它其实是功过对半的物品。迄今为止，许多人书写了无数篇章，不幸的是多为“茶”所囚，除了描述其功绩之外，极少有正确的想法。而对这样的罪恶进行反省的，则基本上未见。实际上，是对其真正价值上的利害未能进行根本的详尽的讨论所致。为此，这本书或许能够对其缺陷有所补益吧。特别是在当今探讨“茶”之正道的时期，无论是谁都会确立这样的目标吧。

“茶”之精神原来与禅相同，是对无碍之心、无事之心的体验与心得。然而，茶人又是“茶”之学者，因“茶”而成就自由的极为稀有，这是不可思议的。由于为“茶”所囚，因而对“茶”的看法是不自由的，故又有“被束缚的茶”的说法流行。若是说有问题也不过是沉溺于“茶”而已。之所以如此，是因为如此去想便有悖于原本的茶之精神。一旦执着于“茶”，“茶”便不是茶了。“茶”必须是直率的、自然的、无难的。从这样简单明了的原理来看，“茶”是不被束缚的。然而在今天，只不过是执着于“茶”的坟场，这样的“茶”应该不再是“茶”。茶心必须是鲜活的无碍之心，滞于“茶”便不是“茶”。中国南宋时，道元禅师[1]从中国归国，上堂开示，“便乃空手还乡，所以无一毫佛法”[2]。可是，能够说出“空手点茶，所以无一毫茶法”的茶人却没有。“茶”之法，当是法无定法。早于禅的“茶”应该知晓这样的真理。

也许能够举出具体的例子吧。试以残留着茶味的茶碗为例：歪歪倒倒的造型，有着刮刀纹装饰，透出了自由、奔放的意趣。一旦近距离地去看，便能看出在雅致的背后，有着被限制的自由，其实只不过是将自由束缚成不自由的状态。那样的美必然落实在茶器的雅致上，“井户”[3]就没有那样的不自由吧。这样的真理如果在当时被发现，制作者和观看者都会冒汗吧。有名的片桐石州[4]说过：“锈色为吉，发青则恶。”真金言也。“锈色”是强光照射下才会有的色泽。故意做成的随意之造型和锈色，其中还会有真器吗？不是为制作而做的器物，而必须是平常的器物。“井户”的如此优点，为何茶人们视而不见？

由于这样的不自由，在“茶”的关系上解除了对平常人的能力限制，而向着原来的“茶之自由”回归，这是一个悲愿。因此，多数的茶人也许会有苦感。因而在这一次的新版书中加入一篇《“茶”之病》，我并没有想要得到众多读者的喝彩与感谢，只是表示对“茶”的改革之气运的想法。与之相悖的，是从源流方面考证的《茶，我的看法》（春秋社），在刊行时，曾听到要将其买下烧毁的传言。但如果是真的，难道也要宽恕，那只好继续写作了。托其福才有了以上的册子，在卖完后马上得以再版。

据说有人将我当作茶道之敌，在对“茶”的解读者和评论者中，我一向是守护“茶”之正道者，能够将其正脉传播，并期望“茶”能够在正确的途径上繁荣。由于“茶”是在日本发展的稀有的一类，我想促进其在正途上的辉煌发展，这是日本人所乐于承担的任务。然而不幸的是，这样的道路如今也岌岌可危，促使我不得不秉笔直书，因而成就了此书。

在此，对本书的编辑吉田小五郎[5]，题签与插图的芹泽銈介[6]，校对的浅川咲子[7]、浅川园绘[8]姐妹等表示诚挚的谢忱。

宗悦

昭和三十年(1955)正月吉日

译注

[1] 道元禅师（1200—1253），日本京都人。镰仓时代初期的禅僧。系公家久我通亲之子。在比叡山出家，而后师从荣西大师。贞应二年（1223）到中国随宋代僧人如净学法，回国后在日本京都深草的兴圣寺弘法。于

宽元二年（1244）创建越前的永平寺，开创日本曹洞宗。谥号“承阳大师”。

[2] [日]道元撰《道元和尚广录》卷2，日本京都贝叶书院印行，日本延宝元年（1673）木刻本。

[3] 井户，指茶碗，朝鲜半岛出产的末茶茶碗的一种，被茶道中人认为是最高品位的茶碗。原为李朝初期（约15世纪初）朝鲜平民使用的汤、饭碗，是大量制作的日用器皿，后被日本的茶人所看重并在茶道中使用。有大井户、小井户、青井户、井户胁等数个品类。“喜左卫门井户”和“筒井筒井户”被指定为国宝。

[4] 片桐石州（1605—1673），名贞俊、贞昌，号宗关。日本江户时代前期的名人，茶人。生于庆长十年（1605），为片桐贞隆的长子。宽永四年（1627）成为大和（奈良县）小泉家二代藩主片桐家二代，曾任京都知恩院的普请奉行，关东郡奉行等职。其茶道追随桑山宗仙，首开石州流。宽文五年（1665）在将军德川家纲的关怀下披露茶道的做法，成为茶道师范。

[5] 吉田小五郎（1902—1983），日本的历史学家、教育家。生于新潟县柏崎市。大正十三年（1924）毕业于庆应义塾大学文学部史学专业。在大学时师从幸田成友。毕业后成为幼稚舍教师，受到很多孩子的仰慕和尊敬。在庆应义塾幼儿园工作至1965年，担任幼儿园校长、庆应大学讲师等职务，在东西方谈判史上留下业绩，在天主教史研究上也有业绩。与民艺运动相关，作为古美术、石版画等的收藏家也很有名。昭和五十八年（1983），在故乡柏崎去世，享年81岁。

[6] 芹泽銈介（1895—1984），日本人间国宝、染色工艺家。20世纪日本代表

性的工艺家，在国内外享有很高的评价，同时也是日本民艺运动的主要参与者。生于静冈县静冈市（现葵区）本通第一丁目。毕业于静冈师范学校附属小学（现在的静冈大学教育学部附属静冈小学）、静冈中学（现在的静冈县立静冈高中）。1916年，毕业于东京高等工业学校（现在的东京工业大学）工业图案专业。后在静冈县立工业试验场担任图案指导，同时从事商业设计。1927年，受民艺运动倡导者柳宗悦的论文《工艺之道》影响而与柳宗悦终生交往。1928年，在御大礼纪念振兴国产东京博览会上看到了冲绳的红型。1931年，担任同年创刊的民艺运动同人杂志《工艺》的装订（型染布封面），参加民艺运动，并装订了大部分柳宗悦的著作。1935年，在东京蒲田建立工作室。1939年，在冲绳学习红型的技法。担任多摩造型艺术专门学校（现在的多摩美术大学）教授。1949年任女子美术大学教授。1955年，开设有限公司芹泽染纸研究所。1956年4月被认定为重要无形文化遗产（型绘染）的保持者。一般的“型染”是由画师、雕刻师、染师等工匠分工制作的，而“型绘染”则是由芹泽一个人完成作品的全部工序。这种手法是被认定的理由。1957年，搬到远离镰仓市津村的农家作为工作场所（小庵）。芹泽以确切的造型能力和红型、江户小纹和伊势和纸等各地传统工艺的技法为基础，以花纹、植物、动物、人物、风景为主题，不断地创作出充满独创性、和风别致的作品。1966年，获紫绶奖章。1967年，成为静冈市名誉市民。1970年，获勋四等章。1976年应法国政府邀请，在巴黎举办“芹泽銈介展”（国立GRAND PALLE美术馆）。1983年，被法国政府授予艺术文化功劳奖。1980—1983年，《芹泽銈介全集》（全31卷，中央公论社）发行。1981年，在静冈市登吕的静冈市立芹泽銈介美术馆开馆。

1984 年去世。被授予正四位勋二等瑞宝章。作品有《恋爱物语画卷》《绘本大师》《法然上人绘传》《东北窑巡礼》《益子当天往返》《四季曼荼罗二曲屏风》（为肯尼迪纪念馆制作）、《庄严装饰布》等。著有《自选芹泽銈介作品集》《型绘染芹泽銈介珠玉作品原色图录》《芹泽銈介手控帖》《装帧图案集》《世界的民间艺术》（与浜田庄司、外村吉之介合著）、《芹泽銈介 人与工作》《芹泽銈介的五十年作品和身边的各种物品》《新版绘本大集合型染》《芹泽銈介作品集》（水尾比吕志编）、《芹泽銈介全集》全 31 卷、《芹泽銈介的创作与收集》《冲绳风物》《芹泽銈介型纸集》《芹泽汇介作品集》等。

[7] 浅川咲子，生卒年不详，日本民艺运动关系人。

[8] 浅川园绘，生卒年不详，朝鲜民艺、陶艺研究家、评论家浅川巧之女，曾任日本民艺馆主事。

再版序

将原版中所发现的错误予以纠正，并在此编入新版。本次再版加入了三篇新的文章，编排在适当的位置。这本书幸运地得到了众多读者的厚爱，数次重版，可是却因战争而荡然无存，后逐渐改成今日之版本。不幸的是插图的原版已为战争所祸，只好再次重配。现在，所有的困难与突发事件往往是想不到的，纸与印刷以及颜料都很粗劣，这是非常遗憾的。

初版的序中对书中各篇的趣旨进行过简单的叙述，在此再给新添加的三篇说上几句。

《与“喜左卫门井户”相见》和《相见大名物》有着层次上的差异，阅读时最好能够一并阅读。要说趣旨，“大名物”[1]只是辉煌的虚名，希望能够见到真实的面目。通过优选排列，以此为始是可行的，想改变也是心有余而力不足。初期的茶人们在认定好的器物时，并未考虑名器。将无名的器物创造成名器，这一点在此是非常重要的。

之所以要提出注意之处，是根据对“大名物”本质的认识。其他具有与其相同性质的民间器具，看上去并无优劣之差别。名茶器既然已经确定为“大名物”，应该是有眼力的茶人们自由创造新大名物之所得。与初期的茶人们相比，今天的人们也有被惠及的境遇。然而，那样的恩惠会有怎样的回报呢？被隐匿的名器在期待着有见识的眼睛。

《器物的后半生》说的是作物并不只是由手来完成生成培育的。这样的创作先为观者所注意，继而由用者所拥有，接着由考证者去叙说其新的存在。实际上，如果不是这些人，再好的器物也不可能全部为生活所拥有。鉴赏、使用、评判等也是创作的重要组成部分。因此，作物就有了前半生和后半生。如果从经济学的角度来看，也许可以分为生产者和消费者，但其间的关联是意味深长的。在过去的美之世界里，作者有着重大的责任，这样的看法也许是片面的吧。赋予器物美感的并不是制作者，《楚辞》[2]中讲述了伯乐[3]的故事，作物也许是碰到了伯乐吧。

《茶器》中文字与如何鉴赏茶器有关，当今“慧眼”力之衰微，让人叹息。虽然慧眼之力衰微，可是评说茶器的人却多了起来。所诠释的“茶”谬误甚多，若是有慧眼者，如今的茶应该不至于如此。对“茶器”必须采取新的立场，对“乐”[4]的无上赞美必须及早中止。意识的过剩是死路一条。意识只有在不充分的前提下，才能够有所发挥。因此，意识之作有必要进行充分反省。滨田庄司先生将对此问题的答复赠送于我。和式风格的茶器因此而欢乐。

柳宗悦

昭和二十七年(1952)初夏

译注

[1] 大名物，茶具中的优秀名品叫名物，特指日本茶道利休时代及之前的东山时代的作品。从东山御物开始到村田珠光，再到武野绍鸥，根据茶人的喜好制作的茶具。

[2] 《楚辞》，中国文学史上第一部浪漫主义诗歌总集，屈原（前340—前278）创作的一种新诗体。“楚辞”的名称，西汉初期已有之，至刘向乃编辑成集。东汉王逸作章句。原收战国楚人屈原、宋玉及汉代淮南小山、东方朔、王褒、刘向等人辞赋共16篇。后王逸增入已作《九思》，成17篇。全书以屈原作品为主，其余各篇也是承袭屈赋的形式。以其运用楚地（今湖南、湖北一带）的文学样式、方言声韵和风土物产等，具有浓厚的地方色彩，故名《楚辞》，对后世诗歌影响深远。

[3] 伯乐，相传为秦穆公时的人，姓孙名阳，善相马，古代春秋时期郜国（今山东省菏泽市成武县）人。最早见于［汉］韩婴《韩诗外传》卷7，有“使骥不得伯乐，安得千里之足”句。［唐］韩愈《马说》云：“世有伯乐，然后有千里马。千里马常有，而伯乐不常有。”意指发现、推荐、培养和使用人才的个人或集体。

[4] 乐，日本茶道用碗的一种，即乐茶碗，手工捏制的乐烧茶碗。长次郎奉秀吉之命在聚乐第内烧造，当时叫今烧、聚乐烧，二代常庆获得乐字印后叫乐烧，最初是为茶道制作的茶碗。作品根据釉色分为红乐、黑乐、白乐或者色乐。长次郎之作用的是叫聚乐土的红土，做成素胎后有黑乐和红乐。

特别是黑乐的釉表面无光泽发茶色，叫茶釉质地。 总之，厚重，高台较大，在高台边缘能够看到切割线。 其中有名的器物为利休选中，成为长次郎七种。

初版序

在最近的十年中，我的文字工作基本上都集中在由我编辑的《工艺》杂志。回顾往事，文字量虽不多却微微上升。多是按物品或主题来分类，旨在再度编成几本册子。但为事务所迫，有此志向却没有实施的闲暇，这便是我的现状。有的时候出于补笔的想法，结果出版的时间越发延长了。出于其他原因此书的出版一再拖延，于是物色了一个工作上值得信赖的吉田小五郎君，请他帮助工作。对吉田君的缜密而又正确的校订之感激难以言表。值此将若干论述收录于一处之际，还能够予以充分的表达。

在《茶与美》的标题下所收录的，必定是最初的几篇。一旦论及美之性质，“茶”的精神便是必须要叙述的一类。惜哉，长期以来对美的看法因袭陈旧，很多时候，应该尊崇的不去尊崇，应该称赞的不去称赞。然而，一般的美必须要接受从新的观点出发的品位。我想，对于“茶”来讲这点尤其必要。

除是等的论说外，还有几篇是放在一边的对美的辩护的论稿，其中包含长时间难以对以美为目标的器物的抗议，现在也拿出来直面读者。对于这些人，我并不指望他们辨别是非，我所依赖的是“将可爱之物示于人”。对器物没有认识或没有观感的评说是无力的。在这里我特别要提请注意的，是以美为对象的局限，是从“事项”一侧来论述的。与之相比，与“事项”之差异接触是何等重要。尤其是与“认知力”相比，“观察力”能够拥有更重要的决定力。在任何地方提起美都必须要说美的器物。“观察美”必须在“认知美”之前，无视这一事实者，或许会认为我的论述是奇谈怪论。但是观察者通常是以常识来看待身边的器物的。我希望这本书能够对未来的美术史以及美学起到积极的作用。这里刊载的几篇题材各异，现将各自的趣旨简略地记述如后。

卷首的一篇与茶道有关的文字，主要是想说茶道与美的问题相关联，将何谓“真”清楚地写了出来。近年来，溢满的茶水之流行，不用说现在是茶道最为堕落的时期，或许应该反省吧。令人惊奇的是，今天的茶人们几乎丧失了眼力。将许多丑陋的器物看作美的，其点茶是派生出来，令人不快。“茶”之巧者只不过是一种爱好者，对末端的智慧很是详尽，而对本质的东西则是盲目的。有必要深刻细致地检讨“茶”之精神，谈论“茶”便是谈论美。自身为“茶”，须以弄“茶”结束。

我取用的是便宜的茶具，以此为媒介来论说“茶”之心，并期望能够深入地接触到美之性质。但事实上并非如《与“喜左卫门井户”相见》所说，它之所以被称为天下的名器，是因为人们将其视为茶碗中的茶碗。如果那样的美是眼睛能够看到的，那么也就直接通过茶之心接触到道了。这样的茶碗会告诉我们这样的真理，无论如何都不过是平易的民间器具，若是知道这一点，对于如何成就大名物也就不难理解了。在这里，民艺的理论能够提供十二分的佐证。对于发现如此之美的眼睛，是初期茶人的能力吧。如今的茶人们对此惊奇万分，如何成为经常的事项或许是更为重要的吧。

谁都会说“茶碗即高丽”，不可思议的是茶人们如何审视“乐”的质之异同。我想，对“乐”之爱越长久，对美的鉴别能力则会越发衰微。不能认识两者之间的区别，也许就是今天对“茶”误解的一大原因。对“乐”没有正确的评价，就没有评说“井户”的资格。将高丽茶碗与大和茶碗相比，对于作者和观者以及其他人来讲，都不会成为公案吧。只有充分地将答案显示，大和茶碗才能开始新生和勃兴。如果不能超越“乐”，优秀的茶碗就不可能产生出来。过去“乐”的历史是有罪的历史，对此如果不能认识就不会有正觉。

作为“茶”的谈论者，只有光悦[1]才是最好的对象。其人格与睿智是毋庸置疑的，可是对工艺问题的解答却是不太正确的。无一例外，所有人对他的作品基本上都给予了无上的赞词，并将其视为知己，我们也必须要对其有足够的敬念。然而，他通过造物来谈论美的问题，无论什么都能回答，什么都能回答从某种意义上讲必然是盲目的。光悦论往往意味着作家论，也算是接触到工艺之本体论。他是一个能够在意识之路上漫步的非同寻常的个人作家。可是无论是意识之道还是个人之道，怎样才能接近美之核心呢？在这里显现的才是本质性的问题，只有等光悦将适当的案例示于我们。所以，如果没有对光悦的赞美的反省，就没有对他的认识和对美的认识。过去对所论说的光悦是光悦论之一，可以说是批评界的痛处吧。

青睐文笔者是不会忘记砚之魅力的。作为砚之友的爱好者人数众多，声名高涨的端溪砚[2]秘藏者绝不在少数。然而，在看到了大量的收藏品后，我不得不将失望藏匿起来，深感必须要修正直率的看法。砚的毛病与茶器基本上相同，多沉溺于末端的趣味，而忽视了本质的美。所注意的是材料来源、技巧、是否珍奇等，以至于忘记了砚为何物，这样的人是很多的。在收藏品中，沉溺于过度装饰的、夸张跋扈的，惨不忍睹。端溪的佳石被弄成丑恶的砚石者，何其多也。在这里是无法探求单纯、健康的美之性质的。抛弃过去幸与不幸者的分野，仍然能够有好东西。过去的海东砚[3]是无智的，可以说是有了差异吧。砚之美必须要有新的论述。对美的看法若是直接的，就无须绕着弯子去说明。

关于书道论，我有三个明确的看法：首先，从汉到六朝，北魏的碑体应当得到最高的评价；其次，对作为书圣、得到无上仰慕的王羲之的疑义有着强烈的意见；最后，书法美之性质确定了不会有丑陋的字体，可是为什么近代以来有许多人为写不好而烦恼？这不是书法才有的问题，也不是美的问题，而是由美的器物之外的时代所产生的问题，这是不可思议的。救赎书法之美需要个人的才能吗？还是依赖于不间断的习练吧。在此，或许无法预告书法时代的到来。

两篇关于绘画的论述，是对已有思想的本质性的修正。在孕育个人主义的近代，绘画的命运被托付于卓越的个人才能，而无其他选择。可是这样能够把凡人提携至艺苑之中吗？还有另外的一条路，就是在非个人的领域产生优秀的绘画，这也是我的旨趣所在。绘画不应该是天才独占的世界，幸运的是有多个案例可以证实这样的真理，进而一般的画工也能够画出美的作品，这是很明确的。只有这样的事实才是促进绘画与社会紧密结合的力量。为批评家所放弃的凡人在许多事情上，能够完成天才所难以企及的工作，这是值得赞美的。绘画由天才的作为所限，但绘画不是不自由的工作。

继之论说的是绘画美的工艺性。对美术以及绘画的看法，基本上都是基于个人主义立场上的结果。最美的绘画不是强势的个人所作，也不是个性的必然。美不是个人的私产，超越个人的美才能深刻，这也许就是美术的性质。在这里看不到工艺性的显现，绘画的工艺性才是好的美之论述。

织与染的题材，在其多样的表面下所隐匿的神秘是值得探索的。在其上面，不仅是自然的睿智，还有着加护物之美的安全之力量，都是值得学习的。谬误在人间，自然是没有过错的。我们的工作以纪念自然的荣光为上。知晓自然之大，才有人类的劳作。织与染之美的作用在其领域之外也存在着。

一篇关于收藏的文字，将怎样收藏才最值得尊重的性质予以明确。在这个世界上误导收藏的因素有许多。收藏是一种癖好，也容易成为病态。我想对其残存的种类进行解剖，找出病因。因而，这篇文字我是站在医者的立场，来讲述治疗的道理。若是有与我同样体验和内省的收藏家是好事，有时我的劝导如同良药般苦口，但这绝不是药的问题，因而是值得信任的。互通有无难道不是收藏的志向吗?

卷末的一篇是《陶瓷器之美》，这是我接触工艺问题最早的一篇文字。这是一篇搁置了20年的旧稿，如果不是本书编辑的怂恿，恐怕是不会收入此集中的。重读过后，对不满意的地方略作添加，对谬误之处予以更改。

本书是继《物与美》《民与美》之后再度编成的一本，也再度感受到吉田君的友谊，与本书出版有关的有式场隆三郎[4]、牧野武夫[5]、及川全三[6]、铃木繁男[7]、西鸟羽泰二[8]等人，在此一并表示诚挚的谢意。

柳宗悦

昭和十六年(1941)春三月

译注

[1] 光悦，本阿弥光悦（1558—1637），号太虚庵、自得斋等。日本桃山、江户时期的美术家，生于京都的刀剑工艺之家。专擅书画、漆艺、陶艺等，为宽永时期的三大书法家之一，是光悦流的始祖，也是光悦乐烧和光悦莳绘的创始者。元和元年（1615），德川家康赐地洛北鹰峰，营造艺术村，指导工艺美术家的创作，有着众多的学生。

[2] 端溪砚，因砚石呈青紫色，故又称紫石砚。据清代计楠《石隐砚谈》记载："东坡云，端溪石始于唐武德之世。"初唐的端砚，一般以实用为主，砚石多无纹饰。中唐后，从纯文房用品逐渐演变为实用与欣赏相结合的工艺美术品，砚形、砚式不断增加，且饰以雕刻。唐代以后的砚形、砚式、题材、雕刻技艺都有较大发展。端砚石质细腻、稚嫩、滋润、纯净、致密坚实。砚石中有优美的石品花纹，其中鱼脑冻、蕉叶白、青花、火

捺、天青、翡翠、金线、银线、冰纹、冰纹冻，以及各类稀有罕见的石眼（鸲鸽眼、鹦哥眼、珊瑚眼、鸡翁眼、猫眼、象牙眼、绿豆眼等），均具有较高的鉴赏价值和经济价值。

[3] 海东砚，朝鲜李朝时期的砚台。

[4] 式场隆三郎（1898—1965），日本大正、昭和时期的医生、美术评论家，式场医院的创立者。生于新潟县中蒲原郡五泉町，大正元年（1912）进入新潟县立村松中学校，受叔公式场麻青的影响阅读文学杂志，与白桦派作家武者小路实笃、志贺直哉和从事民艺运动的柳宗悦、巴纳德·里奇、浜田庄司、河合宽次郎、寿岳文章等人过往甚密，并积极参与文艺志、校友会志的编撰工作。后入新潟医学专门学校（现新潟大学医学部），大正十年（1921）毕业于新潟医学专门学校，昭和四年（1929）获医学博士学位。经历过新潟医专时代，学习之余与吉田璋也等人组成文化团体，曾沉迷于“白桦”，进京后与千家元麿等人交往，创刊了《虹》，还参加了柳宗悦的民艺运动。历任大宫脑医院院长、静冈脑病医院院长、国立国府台医院院长等职务后，在千叶县国府台开设了礼堂医院。担任八幡学园顾问。作为精神科医生，在研究精神病理学的同时，还进行了凡·高研究，昭和九年（1934）又出版了《巴纳德·利奇》。根据精神病理和艺术表现的关联著作，确立了日本美术批评的新领域。战后，日刊报纸《东京时报》创刊。昭和二十一年（1946）还进入出版界，出版了娱乐杂志《罗曼史》《妇人世界》《电影明星》等5种月刊杂志。晚年还担任《医家艺术》的主编，以流浪画家山下清的作品问世而闻名。著有《二笑亭》《文学性诊疗簿》《二笑亭绮谭》《山下清画集》《式场隆三郎集》等书。

[5] 牧野武夫（1896—1965），日本奈良县人。昭和时代的出版经营者。毕

业于奈良师范学校。曾在《妇女新闻》、改造社工作，在中央公论社创立出版部，出版《西线无战事》。后任营业部长、经理人。昭和十四年（1939）退职后创立牧野书店。

[6] 及川全三（1893—1985），日本陆中地方人，著名染织专家。幼年时曾受到油画家万铁五郎多方面的影响，后从事教育工作，于工作之余研习农家的副业——民间染织，曾受到柳宗悦的指导，自 1934 年进行印染的创作，能够熟练地应用各种天然植物染料在棉、麻、丝、毛等材料上进行印染，作品有着深沉厚重的风格。曾任村会议员、农地委员、旧土泽町町长等职，战后任日本岩手县民艺协会会长、岩手县文化财专门委员、国画会工艺审查员等职。著有《和染和纸》等书。

[7] 铃木繁男（1914—2003），日本漆工艺作家、意匠作家、民艺运动家。因用漆画制作杂志《艺》的封面而闻名。生于静冈市，昭和十年（1935）去东京，经式场隆三郎的介绍成为柳宗悦的弟子，受到先生关于对工艺的思考和对物质的认识的严格训练，此后决定走陶艺家的道路。作品有漆绘、陶器、装帧等多件，曾到日本各地进行工艺制作指导。曾任日本民艺馆、大阪日本民艺馆展示部主任；1975—1993 年任日本民艺馆展审查委员；1978—1994 年任日本民艺馆理事；1985—1994 年任日本民艺馆常务理事；平成五年（1993）发起成立远州民艺协会，任会长。于 2003 年 12 月 10 日在静冈县磐田市的家中逝世。著有《铃木繁男作品集》等。

[8] 西鸟羽泰二，生卒年不详，编辑、插图画家，与日本民艺运动有关联者。

茶道之断想

一

他们看到了，任何事都能够事先看到。所看到的，成为不可思议的想法如同泉水般涌现出来。

任何人都能够看到物，然而所有人看的方式都不同。由于不能看到同样的物，在此便会产生或深或浅的看法，所看到的物也可以分为正宗的物与谬误的物，看到谬误的物等于没有看。谁都会说见物，然而谁是真正的见物者呢？其中至少有初期的茶人吧。他们看到了。所看到的，出于某种原因，在他们看到的物之中发现了真理。

是怎样看到的？任意看到的。“任意”不同于其他。“任意”之下的物映射在眼睛里是漂亮的，大多数的人在眺望时，总是在眼与物之间嵌入一物。或是进入思想，或是与嗜好有关，或是习惯性眺望，其中总会有一个看法。然而，“任意”去看却是不一样的，“任意”可以说是眼与物的直接关联，但如果不“任意”去看就难以接触物的实体。而优秀的茶人们能够做到，也只有茶人们能做到。除此之外没有真正的茶人。与能够任意见神者方可叫作僧一样，茶人是有眼力的茶人。

二

如果正式去看，能看见什么？是由内在映照出来的东西吧。或者说是看到了物品的实体。这就是某个哲学家称为“全相”的东西。不能只看到事物的一部分，而是去看物的全部。完整的事物不是各个部分的总和。“加”与“全”是不一样的。全是不可分的，能够切分的情况是没有的，因此被切分的状况是不可能看到的，故没有切分之时。所谓任意看，是在思考之前看到，一旦开始思考再看或许就只能看到局部。观察力比认知力知道得更多。某著名宗教书上曾写道：“试图事先知道者，对神是不能理解透彻的。”对美的认识也是如此。试图在事先获得知识者，是不能完全理解美的。茶人们在任何时候都是先看，是对物的直观。

没有遮蔽的眼睛所为是快速而直接的，所以不会为看到的所迷惑。有迷惑的话便会思考，而一旦思考先行，则会使眼睛迟钝。认真地看意味着明了，如果明了就无暇踌躇，所看到的和所确信的会起相同的作用。因为只有明了所见的才能有所信。事物的实体反映在眼睛中，就会诱发信念。“任意”地去观察者能够迅速理解，没有眼睛作为的时间，因此良莠之见即刻可定。不被迷惑者是大胆的，所以观察者才能做开创性的工作。这样，从茶人们的眼中产生了种种器物，从观察到创造便是如此。可以说，所有的“大名物”都是茶人们的创造。无论是谁的作品，是哪里的产物，只有茶人们才是其至亲的创造者。眼睛造物，是毫无疑问的。

所以，茶祖不是在茶道中才见物的，是因为见物才有茶道。不知是何原因，后世的茶人们却不再是这样。若是在茶道中见物，既不是任意所见，同时也不会让许多人去注意。堕于趣味的“茶”，已经不再是“茶”。如果只是见物，则失去了“茶”的基础。“茶”教给我们见物是任意的、常态的，没有让我们只去看“茶”。囿于“茶”则会失去“茶”。眼睛如果明澈，在任何地方都能保有“茶”。

三

然而，不只是看了，看了不是最终的结果，这只能说是看了，不是看尽了。他们要进一步去“用”，不用是不行的。由于“用”才能看尽。所以说，如果不用，则什么也看不到。如果经常使用，则能体会到物品之美。由于“用”的缘故，他们才能接触到厚重的美之奥秘。若要常见，则要经常使用。美是用眼睛看、用大脑思考、进而体验才能感受到的。如果光说不做，也就是说说而已。“茶”不是用来欣赏的，只有在生活中蕴含着美的，才是真正的“茶”，在看之前认识的并不是“茶”。

茶道是见物之道，应该也是用之道吧。无论是谁每天都要使用器具生活，可是，用于什么却有着很大的差别，而为何而用则差别更大。虽说任何人都要使用器物，所使用的器物各式各样，使用的方法也各有不同。有不得不为了“用”而用物者，有不知为何而用的无心者，有不知怎样用而花费力气者，但他们都可以被叫作使用者吧。选择物的方式可以区分右和左，而使用的方法则更是灵活。如果错误地使用则等于没有使用，用的方法不是单一的。四季的推移、朝夕的变化、房屋的结构、器物的性情、所有的在使用方法上没有限制，但要求创造。人在等器，器也会等人。用物是容易的，可是用而有心得者又有几许？真正的茶人是将物放在生活中使用的。从“看”到“用”，更能深入此道。在生活中体验美，茶道有着极大的功德。

四

但怎样才是用呢？不仅是说只会使用能用之物。过去，谁用过的物也是用，但有时需要知道是为何而作。美之物是在生活中成就的。在此，产生了使用的方式。做到了用物，方才能进入在其外用物而无思的境界。其实，以上的器物就是在不知不觉中提高的。如今看来，为“茶”所做的物品难道不是在无思的状态下完成的吗？可是，创造了器物，又创造了使用方法的是茶人自己。没有这样的创造，茶道将不复存在。原来的茶器不是使用的茶器，他们在使用物品的过程中感觉到美，如此使用的器物才能是茶器。

原来未被使用过的物品，所呈现的美多少会有病态。若是丑陋的则难以被使用，健康的美则是在用的过程中产生的，用才是美。眼睛看到的必然会促使手去用，“茶”就是这样产生的吧。与其说是茶道成就了器物，不如说是器物成就了茶道。通过观察的眼、使用的手将器物培育成茶器，如果没有美的器物则难以成就“茶”。茶器是何物？是成就茶道的吧。又，若是没有茶器，茶便只有不着边际的空谈了。

在这里所说的只不过是很小的真理而已。没有选择器物的眼睛何以有"茶"？没有产生器之力量，"茶"又何以荣耀？如果没有器之用，茶礼还会成立吗？

茶祖的令人惊奇的业绩，是让器物有了新的历史。茶器的存在不只是看的，而是要用的。他们又看又用，因此成就了茶器。在他们之前没有茶器，除他们之外也不可能有茶器，只有在他们之后茶器才得以存在。后世有许多被叫作"中兴名物"[1]的名器，可是与"大名物"放在一起则相形见绌。在茶祖的面前出现那样的物品是可耻的，只有"大名物"才具有正宗之美。

静心想来，"大名物"的前半生只不过是常见的器物，只有茶人出现之后才成为美的茶器。若是只用眼睛去看，或许会使"大名物"增加数量吧。这个世界难道没有隐匿的美之器物？如此一想，茶祖所发现的器物，只不过是非常有限的一部分，恐怕还有无数的器物在等待着我们。那些不遇之物在呼唤着成就"大名物"者，在等待着这样的使用者。或许有人会有茶祖一般的光彩照人的伟业。

五

那么，器物该怎样使用？茶祖的使用方法是华丽的吗？只是好用的而已。另外，使用的方法不会经常为心得所左右。使用的方法已经成为法则。茶人如果不去使用，或许也就没有人用了。在使用方面，任何人都不如茶人们的体会深吧。若是正确地使用器物，都是他们的使用方法使其回归的吧。他们所使用的方法不只是他们的使用方法，这样的使用方法是因他们而定型并提高的，是超越个人的方法得到了贯彻。对器物的观察方法和使用方法，是这样的方法所显示的，这就是茶人们值得称道的辉煌功绩。

但并非是在想好了形式之后，再将“茶”嵌入其中。若是在应该使用的场所去使用应当使用的器物，则自然会有使用的方法。当最朴实的方法形成时，会赋以一定的形式。所以说，形式是使用方法的结晶。反复探究后，精髓才能出来。在此，形式即道。使用的方法，如果不能深入是不够的，只有深入去使用才能完全显现。完全使用时，人们自然会有使用的方法，没有必要去考虑“茶”的形式。或许，这就是取法自然吧。

所以，无论怎样的“茶”都是道。由道而公，即是法则。茶的趣味是不允许有个人的好恶的，一星半点儿的个人嗜好都不能有。茶道是超越个人的，茶道之美即法则之美。个人所属之“茶”不能叫作“茶”，“茶”是属于所有人的“茶”。“茶”非个人之道，而是人间之道。

六

再来谈谈茶礼。“礼”是样式的规范，成为礼也就达到了“茶”的奥义。这样的礼的最高样式即为茶道。这样的样式要求大家遵从，只有如此权威才会是茶礼。学习者必须忠于这样的礼数，服从者也许能够从拘束中解脱。但是，要遵从法则就必须要有法则，除此之外没有自由。自由必须是随意的，只有得法才能获得完全的自由。随意或许是更大的拘束，在面对自己的主张时，人或许会感到不自由吧。茶礼是能够给予人们自由的公道，这也许是所有传统艺能所要求的密意。若是没有了样式，能乐[2]还美吗？歌舞伎[3]之艺还存在吗？即便是新的事物，其内涵必然会以某种样式表现出来吧。“茶”之美在于其样式的内涵，行“茶”者必须谨慎地对待法则。

茶道永久持续的原因之一是有这样的样式存在。只有茶礼是永久留存的，这是一种超越个人的力量，不为时间的流淌而损耗。有着众多错误的茶人前赴后继，但样式依旧不为他们所左右。若是“茶”没有成为“礼”，历史也许早就终结了吧。属于个人的东西，生命就不会长久。

然而，如今已经没有那样的遗老。更可惜的是，能够掌握那些样式的茶人也没有了。所余下的样式如今只有淡淡的影子，不可能不去叹息那些已经混乱的样式。流于样式的样式之真意已无从知晓，样式可以理解为是外在的形式，也有人误解为是“茶”。样式与形式是不同的，流于形式的“茶”，看上去是很难看的。茶道作为形式的艺术屡屡遭到责难，只不过被认为是样式的意义。样式之死是人之罪，而非茶道之罪。也许有依据规则而呈现为活态的事物，只有活态的事物才能深化规则。误解礼之意而扼杀“茶”者何其多也。因为忘记了样式的真意，因而只留下了岁月。如果礼不能够自由，那么还不如撤销礼。以形式来玩“茶”还须慎重，样式并非肤浅。由样式入“茶”才能激发出活力，真正的“茶”在样式上是非常自由的。

大凡伟大的艺术工作都会发现规则，茶道可以说是解释美之规则的途径之一。

七

爱物者是他们，只有他们才能使物发出如此光辉，但他们所表达的并非爱的方式。他们所爱的物，意味着也可以在任何时候由任何人去爱。他们的选择并非片面，也不是猎奇，很少看到个人的主张，而是对物的本质的探望。因此，他们的爱物有着普遍的爱之价值。若是有真正的爱物者，与他们所爱之物应该是相同的。那些东西无论是面向谁，或是被放置哪里，都会问“能看到吗”；或是放置在名器一侧，也不会引人注目。如果有人看到，也许会有眼前一亮的感受吧。因为心与心是相通的，他们所侧目的器物，也是凡人所能看到的，只不过是在那样的场所让他们相逢；若是相逢，也不过是人与器物。然而他们是没有错误的，他们所爱的器物，凡人也能去爱。他们的爱不是个人的，而是肩负着所有凡人的爱。他们的爱是凡人之爱的缩影。如果是真正爱物，就不是为爱而爱。他们所爱之物，难道不是值得爱之物？他们所爱之物，除此之外无他。假如他们没有看到物之美，他们所爱之物的本质还是同样能够被发现吧。他们所爱之物，代表着所有应该爱的平凡之物。爱物至深，才能够悟到爱之美吧。然而，若是邂逅优秀之物，无论是谁都能够像他们去发现。在谈论美之物时，实际上是在谈论他们。所以说，平凡的美之物，总是能够为他们所发现。他们的眼睛也是平凡之眼，因而他们的所爱之物也是凡人的所爱之物。他们所选择的茶器就有这样的魅力。他们由这些物讲述着普遍性的美。

八

在这里，他们的眼睛完成了非凡的工作。无论如何，任何人都不可能遗忘这样的业绩。他们以他们所选择的器物来将美之标准馈赠于人，茶道起着弘扬这样的馈赠的诚实的作用。人们能够得到的，是对被叫作美的神秘之物品进行计量的简单的尺度。还有比这令人惊讶的赠予之物存在吗？这是任何人都可获得的礼物，对谁来说都是一把没有偏差的秤。并非只有茶人才能接受这赠予之物。就像尺子任何人都能使用一样，谁都能以此为衡量美之标准，能够使难以分辨的美易于观测。

并且，这样的尺度没有任何添加，是世界上最简单的标准。尺度上到底刻有什么呢？一个“涩”（意为“古朴”）的字词被写成汉字时，其意思也就被固定下来，而且还会产生充分的作用。在这个世界上，美的样式是多种多样的吧。有的可爱，有的强韧，有的华丽，有的纯正，是各种各样的美。根据性情、环境的不同，人们总能选择一项与自己相近的美的样式。若是依据情趣，应该通过怎样的途径才能涉及美呢？一旦到达某种境界，“涩”之美会自然呈现。若是要探寻深层次的美，无论谁都必须会由此通过吧。讨论美之奥义有着各种说法，只有一种说法可以囊括所有的说法，茶人们将美之趣味也托付在此一语。

任何人都可以用“涩”这个词语来评述物之美。与之相对照，可以一窥茶人们所见之物，学习他们看物的方式。即便自己的力量不足，借助这一词汇也能够观测到美的性质，这样就不会产生问题。无论是怎样的美都依赖这一词汇去评判，这里也包含了引导人们到达美之秘境的秘法。

所幸的是，全体日本人都通晓此语，并且还不断地在使用如此贵重的词汇。就是没有文化的人，在其日常会话中也会使用这样的词汇。然而，使用这样的词汇也会促使自己审视个人的趣味。就算是喜欢华丽器物之人，也会知道深入感知涩之美的秘密。只有如此，才是国民应该拥有的美之标准用语。在任何国家都没有这样恰当的语言吧。如果没有语言，观念会有缺陷，事实会有缺失。所涉及的除日语之外，其他国家也许没有如此表示无上之美的标准之语汇吧，这并非最难的汉语熟字，而且也不是抽象的理性语言。"涩"是来自味觉的极为平常的词语，只有在东洋的生活中才能经常使用这样的词语。

芭蕉[4]留下了"侘"（wabi，意为"残缺的""粗糙的"）的语汇。了解俳道[5]者，无论是谁都会接受这样的意思，这也是文学与生活的标的，但要去解释又是困难的。目前，尚不能以物为语言，故只能通过形式上的心传。然而，"涩"则是物传。形之所见、色之所示，纹样之所现。在某个茶器上所见到的质朴的形态、静默的外表、沉着之色泽、无装饰的造型，即便是聪慧不足者也能够通过这些要素而在内心感受并品味之。只有在此才能显示物之美，这也是茶道让人不能忘怀之所在。在此体现的不是深远的思想，而是身边的现实。以物来表现心，物是心的反映。在此，"侘"与"涩"是一致的。只是，"侘"是智者的用语，而"涩"则是民众的说法。因为有了这样的语言，美才为民众所知，民众才能去品味美，这是何等的幸运。这不是唯一的美。

涩之美，方是终结之美，为美之归趣。只有这样的语言，才是茶人们送给所有人的无比珍贵的财产。所有的日本人拥有最为深奥的美之标语。这难道不是令人兴奋的吗?

九

被选中的器物绝不是平常的器物，会越看越美，是因为其中隐含着异常。井然有序的全部看点都已具备才是成器，才能考虑赞美。然而，茶人只惊叹于该惊叹之物的话就只能算作平凡，也许谁都会这样吧。可是他们的眼则属正当，是更健康的。他们不是在异常的物品中看到异常，而是在寻常的物品中发觉异常之处。茶道的这个功绩让人难以忘怀。茶人将他们所热爱的器物从贵重的、高价的、豪奢的、精致的、另类的物品中剥离出来，而在平易的、素净的、质朴的、简单的、安全的物品中获得。在平静的寻常世界里，才能够看到最应该赞赏的全部的美，才能够在平凡中看到非凡以及非凡的物品。如今，许多人若是没有非凡便看不到非凡，因而落入平凡的境地。初期的茶人们对寻常之物有着深刻的观察，他们能够从一般人不屑一顾的物品中找到非凡的茶器。那些被茶人叫作“大名物”的茶碗，只不过是普通的民间器物。

真理总是贴近生活的。茶人们以爱的眼光打量着周围。只有日常的器物，才是他们所关注的领域，而这是任何人都看不上的。要说大胆真是大胆，然而也有一定之规。质朴的日常器物使他们不可能成为无道德者，因而能够接受质朴的器物之爱。由那些器物所生的无垢之心，是自然之恩惠所培育的，进而身心健康。用品或太过病弱、或太过华美，是不能用来服务的。只有诚实，才是它们的道德之所在。在这样的物品上散发出的纯正之美是不可思议的。拯救这些物件是茶人们一生注定的工作。谦逊之物才能与美结缘甚深。那些“大名物”不就是低价的杂物吗？然而却体现出美的素质与性质。有着谦让之德的器物方为好茶器，茶道教诲人们甘于清贫。奢侈的茶室，专门制作的茶具，各种各样的茶礼，众多的茶人，或许是现在的灾难吧。

十

在此，不妨换一个角度来看。众多为茶祖所认定的物品，是从为了美而制作的作品中选出来的吗？绝对不是。只有是为了生活而制作的器物才是他们的朋友。他们通过对“美”的观察，发现这不是遥远的美，而是现实中可以触摸的美。与思考后的美相比，能够互动的美才能让人感受到更深切的爱。并非在观念中，而只有在生活中，才能更加深入地体会美。美若是由远而近，方才能够感受到美的亲切本质，美与生活是联系在一起的。在鉴赏的历史中，除此之外还有他例吗？

为此，如今被我们叫作工艺的领域，便是能够打动茶人们心灵的世界。与为美而生的美术不同的是，在为生活而制作的工艺之中，他们观察到了最为厚重之美。离开生活之美，是无爱之美。最为深奥的美之形态，只有在生活中的器物上才能体现，这才是他们的洞察与体验。并且，美的事物与工艺性的物品在他们看来是统一的。这一点，与将此视为低下而看重美术作品的美学家们是不一样的吧，那些人认为美是想象出来的。 但是如果仅限于此，就没有茶道。

茶事始终是工艺性的。 各种原有的用具自不待言，书画的挂轴，协调的装潢，如此等等的用品都是工艺性的。 只有茶室才是工艺品的综合，庭院的配置也是工艺化了的自然。 还有点茶的动作，无外乎都是工艺性的作为吧。 生活之用才是美的根源。 如此说来，“茶”是生活的图案化，而茶礼则浑然是立体的纹样。 离开了工艺品的“茶”，何以成其道。 以工艺体现美，通过工艺来观察美是茶道的特性。 对此，除他们之外还有谁会毫不犹豫地推广呢？ 生活即美，只有茶人他们才配谈论美，他们赠予工艺以永远的美之地位。 茶道是工艺之美学。

十一

然而，茶道并非看过就了了，也不仅仅止于用，有时终于样式并非好事，这些绝不是寻常要素，可以向更深处发掘。 若是不能探其究竟，却非道也。 既然涉及道，就不能停留在表面上。 许多人好茶，然而基本上无人能够到达真正的茶境，可见其道之深。 任何人都喜欢行“茶”，结果很容易使“茶”堕落成为玩意儿，并且滞留在种种趣味中，鲜有不陷入功利者。 因而暴露出自负、做作、好事、技巧等毛病，这样又如何能够与道结缘？ 如今，“茶”之盛行，不能认为是道之繁荣。 若是回望过去，就不会不叹息今日之衰弱。 现在，一个爱好茶道的人也没有，可见问题之严重。 道与心的领悟有关。 若技之不达而祸及器，还可以说是一种轻罪；若心之准备不足，则一切皆错。 若用心不深，“茶”便不是茶。可茶又是什么呢？

“和敬清寂”[6]是经常看到的标语。其实，这样的标语是要求我们要有心理之准备的，这样的准备甚为困难。任何人都可以不断精进，茶道是通过物之教来达到心之教的。无心之物尚存否？有良物方才有好心，这才是必须深入的。物若是不能打动心灵便不是物，而心若是不能为物所感则心已死。美物无论有多少，仅凭此是不能成就茶器的。所有的物品都要体现出心之精进。无心是不能使物品活起来的。心诚物亦诚，心与物与茶境是同一的。现实中，备物者多，修心者少。然而，穿着法衣者未必是僧人，高僧不可依衣而论。许多人谈“茶”，可是又有几个能称得上茶僧？“茶”是美之宗教，只有入教才是茶道，无心理准备者不可能进入茶境。制器是为了调整心灵，若是清心之前与物相交，则只能看而不能用。可以说，玩物便是渎物，渎物则是渎心，渎心将导致物与清失之交臂。真诚者所得之器方为器也。

茶境是美之法境，在那里流行着种种法规，与宗教无异。美与信是两个方面，虽有差别仍可视为同源。自古以来，茶道与禅道就联系在一起。依赖物去修禅便是茶道，一个茶碗、一个花瓶，这一切都是绝好的公案[7]。一木一石的配置，一句一行的奥义，有任何变化吗？平凡的茶室，相当于无声的禅堂。种种茶礼，与日夜之清规又有何异呢？在此却是能够将美的体现和修行统一。即心即佛，物心一如，只不过是真理的不同表述。佛的出现与美的出现，其庄严之中，温馨、清澄、和谐，有什么区别呢？禅僧与茶人两者同心，所不同的只是其外在形态。在茶道中去寻求美，需要进入究竟的境界。若是以和敬为体去参悟清寂，心中是不能有污点的。茶礼的宿命与修行是一样的，骄傲者、清高者、富贵者、污浊者、装腔作势者等，无论是谁都难以接近美之法门。好物者多，修心者少，如此这般是不能参悟茶道的。毫无疑问，茶道是心之道。

十二

教诲已经是古老的业态，然而其精髓又何以古今论，禅之旧与新是一样的。经年累月并未凋敝，一直吸引着人，或许还隐藏着什么不朽的力量吧，有人认为不过是过气的形式。但如果沉溺于形式，也只是运用的问题，并非茶礼之罪过。孔孟之教是古老的，但无论怎样人伦之道都会回归于此。若是有汲取者，则绝对是新泉。让茶道死于形式的是茶人之罪，而非道之过错。在这里所流行的美之法则，不论人之先后，不为时间所左右。人若是放弃“茶”，同时也就放弃了“茶”之法。“茶”之道为美之法，如果“美”以新的形态出现，也许会产生新的“茶”。即便是形态有新旧之分，美之法亦无先后。“茶”并非一种美，而是美之法。修习美、参悟美者，也应该悟透茶道。在修习美时，修习“茶”就不是其他事，也没有理由是其他事。

日本人的各种与美有关的教养，是多年为茶道所训练的产物。然而可悲的是，近来鉴别美的眼力在衰退。如此，茶礼的使命又增添了内容。要在这个世界上建造美之王国的有志者，必须时刻缅怀茶祖之伟业，继承正宗之衣钵，如此才能复苏茶道之本真，这便是我们的使命。

译注

[1] 中兴名物，由日本小堀远州在江户时代初期选定的名物。在茶道史的中期起到复兴茶道作用的名物，故有此名。从桃山时期到江户初期的国烧中茶陶比较多，其数量非常之多。器物品种首先以茶罐为最多，其次是茶碗、墨迹、唐绘、花插、茶杓等。

[2] 能乐，日本的传统舞乐。是包含式三番（翁）在内的能和狂言的总称，有“能”与“狂言”之分，前者是极具宗教意味的假面悲剧，后者则是十分世俗化的滑稽科白剧。能乐的名称是镰仓时代（1185—1333）才开始使用的。根据《风姿花传》第4部，传说能乐的始祖秦河胜创作了《六十六番模仿》，并在紫宸殿的上宫太子（圣德太子）面前舞动，这就是“申乐”的起源。从平安时代（794—1185）中叶直至江户时代（1603—1868），这种艺能一直被称为“猿乐”或者“猿乐之能”。江户时代以前被称为猿乐，明治十四年（1881）以设立能乐社为契机被称为能乐。以日本南北朝为界，前期猿乐与后期猿乐面貌迥异，故现今日本学术界将前者称作“古猿乐”，而将后者称作“能乐”。由于明治维新，作为江户幕府式乐的旗手而受到保护的猿乐演员们失业了，猿乐这一艺术迎来了生存的危机。与此相对，以岩仓具视为首的政府要员和华族们合资成立了继承猿乐的组织“能乐社”。在芝公园建设了芝能乐堂。此时，发起人九条道孝等人提出的“猿乐”一词被换成了能乐，之后一直到现在，猿乐作为能、式三番、狂言三种艺能的概念总称被持续使用。昭和三十二年（1957）12月4日，能乐被国家指定为重要无形文化遗产，2008年被列入联合国教科文组

织非物质文化遗产名录。

[3] 歌舞伎，源于日本江户时期的传统戏剧形式。与能乐、人形净琉璃并列为日本三大古典剧种。是指从日本战国时代末期到江户时代初期在京都流行的，喜欢华丽的服装和别具一格的异形，或采取越轨行动的词语，特别是那些人被称为“歌舞伎者”。加入了“歌舞伎者”的崭新动作和华丽装束的独特“歌舞伎”庆长年间（1596—1615）在京都风靡一时，成为与今天相连的传统艺术“歌舞伎”的来源。“歌舞伎”主要是指女性在跳舞，所以“歌舞女”的意思是“歌舞姬”“歌舞妃”“歌舞妓”等，但是在江户时代主要使用的是“歌舞妓”。现在使用的“歌舞伎”的表记在江户时代也在使用，但是一般化是在近代以后。另外，在江户时代“歌舞伎”的名称是俗称，在公共场合被称为“狂言”或“狂言戏剧”。1965 年 4 月 20 日，歌舞伎被指定为国家的重要无形文化遗产；歌舞伎（按传统的演技演出方式上演的歌舞伎）于 2005 年在联合国教科文组织被宣布为代表作，2009 年 9 月被列入非物质文化遗产的代表作名录。

[4] 芭蕉（1644—1694），松尾芭蕉，江户前期的俳人。日本伊贺上野人。芭蕉为其俳号，名宗房，别号桃青、泊船堂、风罗坊等。曾随藤堂藩伊贺付侍大将家嫡子藤堂良忠（俳号蝉吟）学习俳谐，良忠病逝后又师事京都的北村季吟。后定居江户，早期的俳谐为谈林风格，后逐渐形成自己的风格，因住在深川的芭蕉庵，故名“蕉风”。时常行旅各地，发表短句和纪行文字。通过行旅来体验“不易”，在文字中表现为“细腻”，晚年的俳谐则立足于平民性以“轻逸”之俳风来表现。晚年旅行至大阪病逝。有短句代表作《俳谐七部集》和《野行纪》《笈之小文》《更科纪行》《奥之细道》《幻住庵记》等纪行文字以及《嵯峨日记》等传世。

[5] 指日本的俳句文学。

[6] 和敬清寂，日本茶道用语。为体现日本茶僧千利休（1522—1591）所倡导的侘茶精神之四谛的概括用语。文献记载：幕府将军足利义政（1436—1490）曾向日本茶禅创始人村田珠光（1423—1502）讨教茶之真味，答曰以“一味清净，禅悦法喜”之境地为最佳，茶作为礼之本义是“谨兮、敬兮、清兮、寂兮”。［见日本大德寺23世大心义统《茶祖传》序（1730刊）］后利休将“谨敬清寂”改为“和敬清寂”。茶道文献记载：“今茶之道四焉：能和、能敬、能清、能寂，是利休因茶祖珠光答东山源公文所云。”

[7] 佛教禅宗话语，将可以判别学人是非迷悟的历代宗门祖师的典范性言行称作公案。

与“喜左卫门井户”相见

一

“喜左卫门井户”据说是天下第一的茶碗。

能够盛茶汤的茶碗可以分为三类：一类是从中国得到的，一类是从朝鲜传来的，还有一类是在日本制作的。其中最美的是朝鲜的茶碗。“茶碗即高丽”是茶人们所津津乐道的。

朝鲜的器物种类众多，有“井户”“云鹤”[1]“熊川”[2]“吴器”[3]“鱼屋”[4]“金海”[5]等，名目繁多。然而其中味道最足、给人印象最深的则是“井户”。艺人又将其细分为“大井户”[6]“古井户”[7]“青井户”[8]“井户胁”[9]等。其中最出彩的大名物则是“大井户”。

这些名物的“井户”迄今为止登录的一共才 26 个。其中，被叫作大名物中的大名物的是“喜左卫门井户”，号称“井户”之王，没有其他茶碗能胜过它。虽说名器有很多，但只有“喜左卫门井户”才是天下第一器物。茶碗的极致在这一茶碗上面应有尽有。茶之美只有在此才能充分显示。也只有在此才能体会到“和敬清寂”的含蓄之境。这样的茶道之源，才能使茶道万古流长。

二

“井户”之说出自何处，说法很多却无定论。我想大概与将朝鲜的地名读音直译为汉字有关吧。究竟是指何地，有待于将来的研究的繁荣与题材的深入吧。

“喜左卫门”毫无疑问是人名，姓竹田，是大阪的町人[10]。由他所拥有的井户茶碗被叫作“喜左卫门井户”。

名物的户籍流传有序。庆长[11]时期，这个茶碗被献给了本多能登守忠义[12]，因此又叫“本多井户”。此后于宽永十一年（1634），在转封大和国[13]郡山时，将此茶碗授予泉州界的爱好者中村宗雪。宽延四年（1751）转归塘氏家茂所有。至安永[14]时期，落入了为收集茶碗而殚精竭虑的云州不昧公[15]之手，他当时为此而支付黄金五百五十两，直接将其列入了大名物的部类。文化八年（1811）不昧公在给其长子月潭[16]的遗训中说，“天下名物，永久珍惜”。作为不昧公所热爱的名品，如影随形，不离左右。

三

然而，这样的茶碗也有不幸的故事，相传持有者都会患上肿瘤。曾有一位持有茶碗的爱好者，即便是落魄成为京都岛原[17]游客的马夫，茶碗都没有离开过身边。然而，不幸的是因肿瘤发作而死，某些报应传说便由此而生发。其实，不昧公自己在茶碗到手后，再次因肿瘤发作而烦恼。由于害怕报应夫人劝说将其出手，但也未改变不昧公对其之喜爱。不昧公死后，其子月潭也患上肿瘤，为求治愈而将茶碗赠给类似菩提寺的京都紫野大德寺[18]孤篷庵，这是文政元年（1818）6月13日的事情。如今庵门口还停放着迎送这只茶碗的轿子。在明治维新[19]前，如果没有松平家的许可，任何人都不能去观赏，可以说是真正的秘藏之物。不昧公逝世已有百年，人虽逝去而茶碗依然如故。

四

昭和六年（1931）3月8日，承蒙浜谷由太郎[20]的厚谊而得到孤篷庵现住持小堀月洲[21]师父爽快的允诺，我得以亲近茶碗。同行者有河井宽次郎[22]。能够亲手拿着茶碗观赏，确实无限感慨。寻求天下第一的茶碗、大名物“喜左卫门井户”究竟为何物，是我的夙愿。观察实物也就看到了“茶”，同时也对茶人之眼力有所了解，进而对自己的眼力进行反省。因为在那里有美之存在，有对美的鉴赏、对美的爱慕、对美的哲学、对美的生活的缩影（也许在一物之美的向度上包含着人们所付出的最高经济代价）。现在，茶碗放在五层箱子里，再用厚实的紫衣包裹着。禅师轻轻地取出此物，摆放在我们的面前。我们终于看到了闻名天下的大名物。

五

“好茶碗！ 可又是平凡至极。”我随即在心里说道。 所谓平凡，也就意味着是“面前的器具”“市面上简单的茶碗”，也只能这样去说。无论何处都难以找到比这更为平易的器物，平平淡淡的形态，没有任何装饰，也没有任何意图，寻常莫过于此。 这是真正的平凡器物。

这是朝鲜的饭茶碗，是平民不断使用的茶碗，完全是粗糙的产品，也是典型的日用器物，更是最便宜的普通产品。 作者熟练地去制作，没有个性的张扬。 使用者随意用之，并不是为了炫耀而购买。 这是任何人都能制作的，也是任何人都能做好的，是谁都能买得起的器物；是在当地的任何地方都能得到的，是在任何时候都能买到的，这就是此茶碗所具有的本性。

这是个极其平凡的器物。 土是从后山挖来的，釉是用炉灰替代的，辘轳的轴心是松弛的，外形不事装饰，是可大量生产的产品。 工人的工作很熟练，切削较粗糙；手是脏兮兮的，流下来的釉滴在高台上。 工作间是昏暗的，工人是文盲；破旧的陶窑，粗放的烧法，有的产品甚至相互粘连在一起，但却没有引起注意。 有的还是废品，都是便宜货，谁都不想得到它。 工人也想辞去这份糊口的工作。 陶瓷器多是由下里巴人所造，基本上都是消耗品，是在厨房中使用的。 使用者多是老百姓，盛在碗中的未必是白米饭，所以用过以后也不一定会认真洗涤。 倘若到朝鲜的乡村去旅行，基本上都会看到这样的光景。 这些都是最为普通的器物，这也是货真价实的天下名器“大名物”的本体。

六

然而，这就是好的器物。因为如此所以才好，只有如此所以才好。这是我要对读者说的一句话。其实，这是个平坦而无起伏的、毫无图谋的、无瑕的、纯朴的、自然的、天真的、谦和的、无装饰的器物，理所当然地应当受到人们的敬爱。

这件器物是健全的，不用弥补什么。是为了使用、为了劳动而制造出来的，是不断使用的卖品。若是病弱则不适用，自然健康的躯体是必须的。这里所能看到的健康，是产生于实用的赐物。正是平凡的实用，才能保障器物的健全之美。

“那里没有患病的机缘”，这样的说法是正确的。由于这是平民每日使用的平凡的饭茶碗，没有经过精雕细琢，因此技巧之病就没有机会侵入。这不是一边讨论美，一边制作的物品，所以没有罹患意识之病毒。这是没有铭款的物品，因而没有传染自大之罪的机会。这不是在甜美的梦幻中产生的，故没有陷入伤感的游戏之中。这不是精神兴奋后制作的，因此不具有变态倾向之因素。这是出于单纯的目的而制作的，所以远离了华美的世界。为何这样平易的茶碗如此之美？美确实是由平易而产生的必然结果。

喜欢非凡的人对由“平易”产生的美不予承认，认为这样的美只不过是消极产生的。他们认为积极地创造美是我们的要务，然而事实是不可思议的。任何刻意制作的茶碗，都不可能超过“井户”。美的茶碗只能是顺其自然之产物。与刻意制作相比，自然会产生令人吃惊的结果。人的周密智慧在自然的睿智面前是愚蠢的。“平易”的世界为何能够产生美？因为这毕竟是“自然”的。

自然的事物是健康的。尽管美形形色色，但却没有能够胜过健康的美。因为健康是常态，是最为自然的状态，在各种场合被人们称为“无事”“无难”“平安”或者“消灾”。禅语有“至道无难”[23]之说，只有无难的状态才值得称赞。因为在此没有波折，只有静稳的美才是最终之美。《临济录》[24]里说，“无事是贵人，但莫造作”。

为何“喜左卫门井户”是美的？是因为“无事”，也是因为“但莫造作”。只有孤篷禅庵[25]才与“井户”茶碗相适应。这也算是向观者提供的公案吧。

七

能够从茶器中看出“无难”“平安”等要素的茶人之眼令人无比羡慕。而且已将诸如“静逸”“涩味”之类的美之规范确定在他们的心中，其准确和深度令人惊讶。就我所知，能有如此程度者在海外是没有的。他们成就了令人震惊的鉴赏和创造，平凡的饭茶碗最终变为非凡的茶器，离开了昏暗的厨房，登上了美之宝座。把不值钱的东西变成价值万金的宝物，作为美的榜样敬仰。朝鲜人对“天下第一”的嘲笑不无道理，因为不该发生的现象正不断地在世界上发生。

嘲笑和称赞都是正确的。如果没有嘲笑，饭茶碗就不可能被平静地制作出来。若是手艺人将低廉的粗货说成“名物”，那么“粗货”就不复存在；若是没有“粗货”，茶人就无从认可“大名物”。

茶人之眼非常准确。如果没有他们的赞美，世上就不一定会有“名物”。要让人们明白平凡的饭茶碗为何是美的，这本身就是茶人令人惊讶的创作。饭茶碗是朝鲜人所造，而“大名物”则是茶人所作。

茶人们对那些精微之处甚感兴趣，甚至连脱釉也能看出情趣，临机的修补也使之品色大增。他们最欣赏的是无造作的切削，甚至认为这是作为茶碗的必备条件。他们强烈地喜欢高底，认为挂釉体现了奔放的自然之味。他们着眼于茶碗之形，观察着那里残留的茶液。他们抱其型而予以厚吻，用心体验那平缓的坡度带来的舒畅。他们对某个器物抱有种种幻想，终于领悟出某个茶碗成为美的茶碗的条件，因为美是有规律可循的。一个茶碗在观者心中不断地创造着美，而茶人则是“茶器”之母。

“井户”若是没有传入日本，留在朝鲜则不会存在，只有日本才是其故乡。《福音书》[26]的作者马太[27]没有把耶稣的出生地写为拿撒勒[28]，而是写为伯利恒[29]，这就是真理。

八

我现在离开观察者一方，从制作者的角度来看这个茶碗。茶人以其知性直观在茶碗中看到了令人惊讶之美。这最初出自何人之手？是在何种力量的作用下成为可能？不能认为那些没有文化的朝鲜陶工具有知性的意识吧。正是因为他们不被这样的意识所烦恼，才能产生如此自然之器。如果是这样，那么在“井户”上所能见到的诸多精彩之处就非自力所为，而是在隐藏的、无尽的他力作用下造出的美之器物。

"井户"是生产出来的，不是被制作出来的。这样的美是赐予，是恩惠，是被授予。只有对自然采取顺从的态度才能够受到如此恩宠。倘若制作者自恃傲慢，就不会有接受恩宠的机缘。美的法则不为他们所有，这样的法则存在于超越"自我"和"物我"的世界里。法则是自然的作业，不是人类的智慧。

运用法则者是自然，观其法则者为鉴赏，两方面都不是制作者之所长。一个茶碗拥有美的因素在于其属于自然的生产，在认识方面则属于直观。能想到"井户"上有"七个精彩之处"是好的，但切不可误认为"井户"是根据那样的精彩之处来制作的；也不可认为只要那些因素齐备，就能制作出一件美的器物，因为"精彩之处"是自然的赠予，不是有心之作为。但是，如此明显的错误却不断反复地出现在日本的茶器上。

茶人云："茶碗即高丽。"这是正直的忏悔。也就是说，日本的茶碗不及朝鲜。为何不及？是想要通过自己的作为来达到美的精彩之处，但却因为冒犯自然而变得愚蠢。对他们来讲，鉴赏和制作是混杂的。而且，鉴赏为制作所牵制，制作又被鉴赏所毒害。日本的茶器苦于为意识所伤。

上至长次郎[30]、光悦，下至诸位茶器的作者，或多或少均苦于此病。通过鉴赏看到了"井户"的歪斜之美，这是不错的。可是，一旦有意搞成歪斜的造型时，则歪斜的趣味便遭到破坏。在窑中因失误而成的脱釉有自然的趣味，然而为了迎合趣味故意制造瑕疵，就已经是不自然的器物。

切削了的高台使"井户"显得特别美，可是这样的美是不能硬性模仿的，因为不是原本的自然。强加的变形和凹凸不平等的畸形，是日本独有的丑陋之形，世界上找不到类似的案例。而且，原本能够深切地品味美的茶人们，对现在这个弊病的酿成是有责任的。如同有“乐”字铭款的茶碗一样，几乎都是丑陋的。就茶碗而言，“井户”与“乐”从开始到过程，再到结果，性质是截然不同的。虽说同样都是茶碗，却是完全不同的类型、不同的美。“喜左卫门井户”确实是“乐”的反律，也是挑战。

九

我曾经说过，能够发现“井户”的第一代茶人之眼是何等敏锐。说起“井户”，当然也要谈谈对“井户”的鉴赏。

可是，为何他们的鉴赏力如此之强？也许是时代不同吧。在当时，所有的事物都能够去看，并且是能够直观的。一旦直观，就能够清晰地通过直观去发挥作用。他们无须依赖文献，也不会依赖铭文，不用询问是谁之作，也不跟从别人的评论，更不是为古老而爱。直观，是物与眼之间没有遮挡，是直接的、鲜明的印象。眼无点尘，所以才能够毫不犹豫地判断。器物融入他们之中，他们才能进入器物之中。其间相互交织，因为爱是相通的。

没有他们的眼睛就没有茶器，茶器之有无只能依赖于直观。不，茶道之所以是美之宗教，是因为以美的直观为基础。这与对神的直观而产生宗教的道理是相同的。若不能见物就不会有茶器，也就不应该有茶道。这些事情给我们以启示，倘若能够直接看到实物，如今同样能够发现美的茶器，许多隐藏的“大名物”就应该出现在我们的眼前。因为这些器物与大名物“喜左卫门井户”一样，是在同样的环境、同样的目的、同样的过程中产生的，有无数这样的工艺品。“井户”是杂物，是制作数量最多的“粗货”。如此众多的杂物摆在我们面前，正在等待着直观的选择。

今人崇拜“大名物”，而且只崇拜“大名物”，将其他民间器物弃之一边，这是因为眼力不够。只要有直观的机缘，我们就不应该如此迟钝。与“井户”之美同样的无数杂物就环绕在我们的周围，无论是什么人，只要能够直观地观察器物，就应该具有在此世间添加无数“大名物”的特权。而且，在我们的周围充满着喜悦，比茶祖的状态要好得多，因为器物的种类与数量要比昔日多出很多，并且到处都有足迹未到的处女地。若是茶祖如今还能复活，一定会喜极而泣，同时也会为这世间有如此之多的美之器物而大声感谢，或许又会收入更多新的茶器，《名物账》的品目也会大大增加，新的形象会出现在扩大的茶室里，朝着适合现代生活、适合民众的“茶道”发展，与曾经看到过的美之器物相比，要显得更加丰富。

直接观察器物时，我们的眼和心都是很忙的。

十

我亲手抱着天下之大名物，思绪万千，想着这件器物以及我至今收集的那些器物。

“向前，向前，沿着你的道路向前”，这是大名物对我的低声私语。我要反省自己所走过的道路，以及将要走的道路是否有错。我要将“井户”的众多兄弟姐妹显示在当今世界上，即使只有很少也会将世界变得更美。我要叙说怎样的美才是正宗之美，还要考虑今后怎样才能继续产生如此之美。如有可能，就应该为实际行动做好准备。这一切就是：何谓美？怎样认识美？如何产生美？这是对美的意义、认识和制作的三个关键之问题。

欣赏完后，“大名物”再度被收进几层箱子里。我也将几个应答的公案收于心中，告辞了该庵。一出门就好像听到呼啸的禅林之风在说：“可道，可道。”

《工艺》第五号（昭和六年，1931 年）

译注

[1] 云鹤，朝鲜高丽时期的青瓷之一。器胎的表面有白土嵌入的象眼，因其纹样多为飞云、舞鹤而名之。

[2] 熊川，高丽茶碗的一种，口边弯曲，内部较深，看上去像镜子一样，高台高大是其样式的特色。熊川是朝鲜庆尚南道面临洛东江的港口名，当时倭馆与日本的交易良多，因为由此港运出故起名为熊川。熊川又进一步分为真熊川、鬼熊川、后熊川、绘熊川等。以真熊川、鬼熊川的时代最为

古老，真熊川是上品，有其对应的成色；鬼熊川是下品，也有其对应的成色，作品的强度胜过其他。咸镜道的产品是熊川的上品，在后渡的高台内挂釉的叫后熊川，挂有非常滑的釉的器物叫滑熊川。还有咸镜道的朝鲜音转化的哈密卡代伊也是熊川的一种，在哈密卡代伊相似的釉上有金气釉的图案的叫绘熊川。

[3] 吴器，高丽茶碗的一种。也写作御器、五器。御器原指饮食用的木碗。在这里是指造型相似的器物，碗体高深，底座较高，胎薄而大，釉色质朴，多为半圆形，是日本茶人所喜欢的，有大德寺吴器、红叶吴器、尼吴器、锥吴器、番匠吴器、绘吴器、佐保山吴器、楫形吴器、端反吴器等。

[4] 鱼屋，朝鲜高丽时期的茶碗之一。碗形较浅，红胎，挂带青色的枇杷釉。名称的由来，据说是因为堺城的卖鱼商人“多多雅”（ととや）所持，日本茶人千利休（1522—1591）在一个叫“斗斗屋”的鱼屋门口发现。也叫斗斗屋。

[5] 金海，朝鲜高丽时期的茶碗之一。产于朝鲜庆尚南道金海地方，薄胎，白釉，有浅红色的斑纹。外形多为桃形，亦称州浜形。上有“金海”刻铭。

[6] 大井户，高丽茶碗中最佳者，碗身较深的叫井户茶碗，碗身较浅的叫小井户。日本茶人对井户茶碗有着特别高的评价，筒井户、加贺、细川、有乐、坂本、喜左卫门、老僧、美浓、本阿弥、龙光院、宗及、浅野、金地院、九重、松永、福岛、大高丽、坂部等都很有名。又叫井户茶碗，也被叫作“名物手”。

[7] 古井户，又叫小井户，高丽茶碗的一种。因其体积比大井户要小而得名。素胎、釉色、调子、作风、梅花皮等状态与大井户完全相同，产地和时代

基本相同。比大井户的造型要扁平，高台又小又矮。也叫宇治井户，其名得之于谣曲“赖政”。

[8] 青井户，朝鲜李朝初期和中期制造的茶碗的一种。薄胎影青，总体上是青色调，因而得名。其中的部分也使用红色，青与红的交替非常有趣。这种茶碗很美，因存量少而价格高，在茶人之间非常珍重。外形以平茶碗最多，口径大约在 15 厘米。

[9] 井户胁，高丽产的井户茶碗的一种，井户胁为井户之胁，是井户旁系的名称，是表示等级的名称，与青井户相比更为粗放。

[10] 町人，江户时代对城市商、工业者的总称。狭义上是指家主、地主，不包含租店、借地经营者。至中世纪这样的身份被明确，至近代初期，由于兵农分离政策，士、农阶层和区别已经固定化。由于身份处于中下层，在兑换商、札差等的金融业者带动了财富积累和领主经济的发展，故町人文化成为都市的中坚。

[11] 庆长（1596—1615），日本后阳成、后水尾天皇年号。

[12] 本多能登守忠义，即本多忠义（1602—1676），“能登守”为其官职。曾用名忠光、忠义，别名右兵卫。生性骁勇，12 岁时即出阵迎敌，建功立业。于元和元年（1615）闰 6 月 19 日任从五位下能登守。宽永八年（1631），其父本多忠政逝去后，始领播磨国姫路藩，封 4 万石；宽永十六年（1639）3 月 3 日加增移封远江国挂川藩 7 万石；正保元年（1644）3 月 8 日加增移封越后国村上藩 10 万石；庆安二年（1649）6 月 9 日加增移封陆奥国白河藩 12 万石。统治白河时期，新设重税，施行恶政，民不聊生。宽文二年（1662）11 月 25 日开始隐居，号钝斋。延宝四年（1676）9 月 26 日，75 岁时逝去。法名大信院本誓忠义大居士。最初葬于福岛县

白河市久松寺，后改葬奈良县添上郡玉龙寺。

[13] 大和国，古代日本国名，现在的奈良县天理市。

[14] 安永（1772—1781），日本的年号之一。在明和之后，天明之前。

[15] 不昧公，即松平不昧（1751—1818）。日本江户中期的茶人、大名。出云国松江藩主松平治乡，号不昧、宗纳、一一斋、一闲子等。六代宗衍之子，从四位下侍从左渡守，因继承家业出任出羽守，曾实行各种藩政改革，重建藩财政获得成功。为出云烧的复兴、松江涂（漆器）的奖励、新田开发等殖产兴业而尽力，创建藩校教明馆，文武并举，人称名君。晚年，通过半寸庵幸琢继承石州流的茶道，后又私淑于小堀远州，称不昧派、云州流，成为石州流不昧流之祖。曾致力于藩政改革，鼓励治水事业和出云陶器等产业。同时，对茶器的鉴赏、收集有着独到认识，其名物茶器的收藏号称天下第一，68 岁逝世。著有《古今名物类聚》《茶础》《赘言》《濑户陶器滥觞》等。

[16] 月潭，即松平齐恒（1791—1822）。日本江户后期的名人，出云松江藩主。生于江户，为松平治乡（不昧）的长子。叔叔是雪川。幼名鹤太郎，号葫芦庵、月潭、露珠斋、宗洁。塙保独创一让他校订了《延喜式》，在子齐贵的时代完成。擅长茶道、俳谐、书法。官至从四位下，曾任侍从、出云守、出羽守等职。文政六年（1823）逝世，32 岁。

[17] 岛原，日本京都下京区花街的名称。原写为“嶋原”，现正式名称是西新宅邸，由上之町、中之町、中堂寺町、太夫镇、下之町、扬屋町构成。相传源于桃山时代（1589），以元禄时期最为昌盛。明治以后，朝臣、武家的常客没有了，遂依赖于“太夫路上”等的仪式支撑着。昭和后期，随着茶庄与大夫、艺伎的人数减少，茶庄组合逐渐解散，成为普通住宅区，

仅残存了很多建筑物和门，只有“大门”“轮违屋”“角屋”等保留着原来的面貌。岛原于1976年脱离京都花街工会联合会，现在只有茶馆在继续营业。

[18] 大德寺，位于日本京都市北区的临济宗大德寺派的大本山。平安时代，寺庙所在地又被称为“紫野”。是洛北最大的寺院，也是禅宗文化中心之一。山号是龙宝山。于正中元年（1324）开山，开山祖师为大灯国师宗峰妙超，开基是赤松则村。嘉历元年（1326）法堂完成，始称其为“大德寺”，并成为两朝天皇的勅愿道场。后醍醐天皇赐予天皇敕额，成为五山之一，之后辞位保持在野的寺格。虽然在应仁之乱中被烧毁，一休大师以80岁高龄任大德寺住持，在堺市豪商尾和宗临等人的援助下重建了大德寺。寺内大仙院、养源院、瑞峰院和高桐院四个寺院散于其间，共建有22座塔头院（大德寺属下的小寺院）：总见院、聚光院、瑞峰院、兴临院、大仙院、龙源院、养德院、真珠庵、如意庵、龙翔寺、德禅寺、龙泉院、孤篷庵、芳春院、龙光院、大光院、玉林院、高桐院、大慈院、正受院、三玄院和黄梅院。另有茶室、庭园、门画等众多文化遗产。其中的大伽蓝为战国时代的诸侯捐建，是日本国宝和重要文化遗产。大德寺内庭方丈亦为日本国宝。

[19] 日本历史上的一次政治革命。旨在推翻德川幕府（1603—1868），使大政归还天皇，在政治、经济和社会等方面实行大改革，促进日本的现代化和西方化。在明治天皇睦仁（1852—1912）的主导下，在政治改革的同时，也进行经济和社会改革。为了满足日本现代化的需要，大量介绍西方的科学技术，军事工业以及交通运输都得到很大发展。到20世纪初，明治维新的目标基本上已经完成，日本开始走向现代工业化国家的

道路。

[20] 浜谷由太郎，日本京都人，生卒年不详。昭和初期的文史工作者。著有《樱洲山人的追忆》《日暮砚》等。

[21] 小堀月洲，日本京都临济宗大德寺孤篷庵住持，生卒年不详，主要活动于大正、昭和时期。擅长花道、茶道。

[22] 河井宽次郎（1890—1966），日本陶艺家。生于日本岛根县安来地方，陶艺作家。毕业于东京高等工业学校（现东京工业大学）窑业科，后在京都市立陶瓷试验所研究釉药，在该所结识以民艺陶艺而闻名的滨田庄司。1920年，在京都五条坂建立钟溪窑。1923年左右，制作的很多作品都是追随中国、朝鲜的古陶瓷手法。1925年左右开始，人们开始关注古民艺品之美，河井宽次郎与滨田庄司、柳宗悦一起发起了民艺运动。同时，还将日本和英国的古民艺品之美应用到自己的创作中，通过朴素、健壮的形态和丰富多彩的釉法的奔放运用，陆续发表用于日常的器皿。第二次世界大战后，在机械制作和手工融合、泥刷毛手法、三彩打药等方面下了功夫。主要作品有《青瓷血纹花瓶》（1924）、《铁绘辰沙花草丸文罐》（1937年巴黎世博会获得最高奖）、《花纹菱形扁罐》（1957年在米兰的3年展上获得最高奖）、《打药扁壶》（1962）等。

[23] 至道无难，语出《赵州禅师语录·三十二》："问：'至道无难，唯嫌拣择，是时人窠窟？'师云：'曾有问我，直得五年分疏不得。'"

[24] 《临济录》，唐代禅宗要典。唐代称《三圣慧然集》。又称《镇州临济慧照禅师语录》《临济慧照禅师语录》《临济义玄禅师语录》《慧照禅师语录》《林济录》。收在《大正藏》第47册、《禅宗全书》第39册。本书系三圣慧然汇集其师临济义玄（？—866）之一代言教编录而成。全书内容

分为语录、勘辩、行录三部分。语录部分收录三玄三要、四料拣、四宾主、三句等话则；勘辩部分收录历参诸方时所商量之语要，行录收载其行状及记传。根据近代学者的研究，《临济录》之原型，当系收录在宋版《天圣广灯录》卷 10、卷 11 的《临济语录》，据说此一版本保存了圆觉宗演重新开雕以前之《四家语录》之体裁。

[25] 即孤篷庵。位于日本京都府京都市北区紫野的临济宗寺院。是临济宗大德寺派大本山大德寺的塔头。位于远离其他塔头群的大德寺交界区的西端。庵号的"孤篷"是"一只苫舟"的意思，是小堀政一（远州）师从春屋宗园授予的号。虽然没有公开，但是有几年一次的 10 天左右的特别公开。庆长十七年（1612），在黑田长政创建的大德寺塔头龙光院内，小堀远州以江月宗玩为始祖建立了庵。宽永二十年（1643）迁移到现在的所在地，江云宗龙（远州之子）继承了这个名字。之后，宽政五年（1793）的火灾烧毁，但崇敬远州的大名茶人、松江藩主松平治乡根据原来的图纸重建。现住 19 世小堀亮敬。庵内收藏有国宝喜左卫门井户茶碗，重要文物有大殿（方丈）、书院及忘我（三栋）和大灯国师（宗峰妙超）墨迹，古迹有孤篷庵庭园，其他文物有小堀远州像、达摩图等。

[26] 《福音书》，指基督教《新约全书》中的《马太福音》《马可福音》《路加福音》《约翰福音》。内容为关于耶稣言行的记述。

[27] 马太（Matthew），《圣经》人物，耶稣十二使徒之一。原为迦百农一税吏，在税关见耶稣后皈依耶稣。曾到波斯等地传教，后被杀害。据传为《马太福音》的作者。《马可福音》与《路加福音》曾提及耶稣收税吏这同一件事，但税吏名为利未，可能是同一人。

[28] 拿撒勒（Nazareth），巴勒斯坦北部城市，相传为耶稣的故乡。位于历史上地加利利地区谷地中。传说耶稣在该城附近的萨福利亚村度过青少年时期，是基督教圣城之一，有“圣母领报洞”与“约瑟的作坊”等圣地。

[29] 伯利恒（Bethlehem），巴勒斯坦中部城市。位于犹太山地顶部，耶路撒冷以南，海拔680米。传为耶稣降生地，是基督教圣地，建有耶稣诞生教堂，地位仅次于耶路撒冷的圣墓教堂。又有拉结墓，故亦为犹太教圣地。

[30] 长次郎（？—1589），日本安土桃山时期的陶工，京都乐烧的始祖，乐家初代。在千利休的指导下，在聚乐第制作铅釉的黑乐、赤乐茶碗，采用中国华南的三彩（交趾烧）的技术来完成乐烧，为乐家的第一代。由利休赠得田中姓，通称田中长次郎。后由秀吉赐予“乐”字金印，成为乐家初代。一般说其父是归化朝鲜人阿米夜（饴屋、饴也），生于京都。最初是烧制栋瓦的匠人，天正二年（1574），奉信长之命烧制狮子栋瓦。天正十三年（1585）秀吉营造聚乐第之际，承担了瓦的装饰部分。天正五年（1577）在利休的指导下制作乐茶碗，以后逐渐声名鹊起，从秀吉处获得天下第一的称号，拜领“乐”字金印。从此时开始，长次郎的作品叫聚乐烧、乐烧。但是，关于长次郎的生卒年月始终没有确定的说法，关于作品也有各种各样的说法。在乐家，将阿米夜、长次郎、宗庆、宗味总括为乐家初代长次郎，将吉左卫门常庆作为二代。作品使用了黏糊糊的有红味的被称为聚乐土的土，采用饴釉、黑釉、赤釉、交趾釉等。黑乐釉质柔润无光泽，像茶沏出的茶釉质地，成为长次郎作品的特色。质地厚实，高台阔大，高台边有切痕。用手捏，不使用辘轳。有两种说法：一是温度低

放置冷却，二是用火钳夹出冷却。除有名的“长次郎七种”（利休七种）茶碗之外，还有狮子栋瓦、水指等。代表作有铭文的有大黑、东阳坊、秃、桃花坊（以上黑）、早舟、勾当、太郎坊、无一物（以上红）等。另外，根据乐家的《宗入文书》，长次郎于天正十七年（1589）逝世。

相见大名物

一

在已经过去了的昭和二十二年（1947）5 月 3 日，由日本陶瓷协会[1]主办，在帝室博物馆[2]内的应举馆公开展出七件茶器：云州不昧公所拥有的“大名物”六件，中兴名物一件。 遗憾的是当天下雨，室内昏暗，然而庆幸的是现场可谓座无虚席。 可是那里却人声鼎沸，让人无法静心去琢磨，与茶的寂静性质相悖，不是个好的鉴赏机会。

但还是要感谢主办者。 因为是不昧公在世时他人无缘一见的茶器，如果没有主办者，一般人这一辈子可能都没有这样的眼福。 七件名器能够在同一时间见到，并能够上手抵近观察，没有比这更好的机会了。 同好之人无论远近都赶过来参加活动是理所当然的，因为只有一天的时间，又是重要的器物，不来是不可能的。 这样的物品公开展出一天是罕见的，这也许是托了时代的福。 从不出山门之物，能够突破旧习而公开展览，对其自身也是好事。

看到实物而瞠目结舌者有，申明异议者亦有。 当天堀口捨己[3]的演讲，用的是这样的口吻，“如同大名物那样的茶器，如此一次性为大量世人所习见，果真是不昧公所乐意的吗”。似乎是谁都有疑问，我想之所以如此是有道理的。正如刚才写到的，那天的情况是混杂的、煞风景的。然而，与之相比也没有更好的办法，毕竟这样的名器是无缘在安静的茶室里被使用的。

然而，不见天日的重要秘藏，却轻而易举地公开了，这可是无量功德。秘藏之物是重要看点，将第一器物视为重要的习惯，使其在任何地方都受到尊重。直到视其为神圣，已经越过了某种界限，那不再是对美的敬重，其所指可以说是针对人类自身与生俱来的情趣吧。正因为不常示人且小心保存，秘藏之物才得以幸存至今。一旦看到包裹着器物的几重衬料，以及为其服务的几个箱子，进而是运送此物的笈柜，才知道何谓重要之待遇，真是一次考验啊。恐怕只有在日本才能看到如此之用心。

秘藏茶器绝不仅仅是功德，还附带了许多的罪过。弊病总是事后想到的，因而进行隐匿。秘藏总归是私藏，最终因束之高阁而成为死藏。或许是出于小小的利己之心，使得多数的器物成了区分你我高下的标的。真正的美之器物与自己欣赏相比，拿出来与他人分享则更好，这样的方式让心情更加愉悦。

有人主张，名器不应该只给少数人看。由于是贵重的器物，不能够经常随意地让人去观赏。这种说法有一定的道理。无缘者，就是看了也没有意思。然而，越是精妙的佳器，难道不越应该想给更多的人看到吗？这种想法难道不更有道理吗？

给人看过多次，就成为看惯了的器物，这也不可能满足客人。正因为是很少用的物品，所以说要给客人很难得的待遇，才显得诚意十足。可是能够享受到如此待遇的，仍然是极少数的客人。所以，名器与社会的交集越来越少，最终成了贵族性的待遇。那也不能说是太过恶劣吧，但一定不是人类能够拥有的最高级的欢愉。如果找到能够让众多的人放松与愉悦的分享途径，这才是最为根本的。从名器的出现直至成为秘藏物，“茶”在不断地攀升直至成为少数的事物，其弊端便是“茶”在特殊的狭隘世界里沉沦。只有破除这样的不自由，“茶”才能拥有更为广阔的光明大道。许多人在日常生活中与“茶”亲近，把他们引向“道”是“茶”之新使命。

当场看到七件名器，并且还是公开的，与秘藏相比，具有很好的社会性意义。这样的举措，对于不昧公来讲也许是悲哀的，这样的想法不一定恰当。不昧公所处的时代与当今时代是不一样的，他要是生活在当今的民主时代，或许也能够像此次这样公开，并由此获得新的愉悦。不昧公在过去也是有限的名君之一。

与看相比，器物只有在实际使用的时候，其美才是最为鲜亮的。经常使用时，器物才会是最初始的器物状态。但仔细观察时，谁也不会说是能够正确使用的吧，好的使用者是很难得的。只要是茶人就无论谁都能使用，这种想法是浅薄的。器物越是漂亮就越是如此。能够正确使用“大名物”的茶人如今又有几人？使用的方式如果不正确，则名器也会消亡。所以我并不敢轻易地说“这样的名器是不能只看看而已的”这种话。面对“那么应该怎样使用呢”的提问，有谁能够给出完整的答复？令人讨厌的是我在说到“茶”的时候，在屡屡被人问起使用方法时，只能闭嘴。特别是假装精通茶道的人，弊端更多。掌握使用方法的是巧者，但未必是会使用的人。在使用方法上故作残缺、造作、夸大、华丽，这样的案例是很多的。而坦荡、自在、自然的使用方法则是极少的。那些过于夸大“茶”，使其在日常生活中变为无用之物，因“茶”而不自由的人有很多吧。“茶”必然产生其“型”，今日之“茶”在“型”上是符合“茶”之特点的，然而这样的“型”是死板的、了无生气的，滞于“型”的“茶”不叫“茶”（堀口氏将如今还健在的某有钱人称为大茶人，我认为是奇怪的。又说那人的“茶”是如何如何的了不起，我想有些批评家并不认同。）

有钱的“茶”与真正的“茶”不能混同。为金钱所囚的“茶”是困窘的，贫穷之茶、朴素之茶才是人们需要的。无论如何，若不颠覆传统的“茶”，鲜活的“茶”也不会出现。某圣者说“生不改变，不去天国”，看到今天的“茶”，似有同感。我向往将“茶”再度引向自由，只有从金钱、约束、因袭、茶款、器物、茶室等处解放出来，进而从流派、道具商那里解放出来，如今被囚之“茶”才有可能成为真实的“茶”。只有再次回到初期的自由，才有可能深入“茶”的历史。

二

在七件茶器中，来自中国的小茶罐有三件（油屋肩冲[4]、本能寺文琳[5]、残月肩冲[6]），日本的一件（枪鞘肩冲[7]）；来自中国的茶碗一件（油滴天目[8]），高丽的一件（细川井户[9]），日本的一件（冬木伯庵[10]）。被称为名器的器物，是具有丰富的、五光十色的美之趣味的器物。通过这些器物，可以细细分析早期茶人的各种趣味。

时至今日，我们基本上已经知道这些人的嗜好、性格以及敏锐的眼光，通过他们喜欢用的物品，可以知道一切。文献的记载是重要的，但因其是间接的、抽象的而略感不便。与之相比，器物是真实的、直接的，如果用眼睛去观察，通过这些便可知早期茶人的看法，还可以见证他们的“茶”之性格。为此，能够在同一地点、同一时间直接看到七件名器，实在是荣幸至极。

无论哪一个都呈现出不同的风貌，或是油滴，或是曜变，或是“梅花皮”，都是一眼就能注意到的器物。所谓“看点”的几种风貌，却能够看出古人热爱之所以然。作为陶瓷只不过是小品，却能够充分地赏心悦目，这样的茶器如果不拿过来玩赏是没有道理的。

因此可以肯定，假如不是有名的茶人所喜欢的器物，则任何人都不会去欣赏。崇尚名器之心人皆有之。但在观看这些名品时，有必要充分注意几个问题：不要胡乱地以“漂亮的物品”为结论；假如认为一时见到如此多的名器是一种浪费，这可以说是品格高尚的状态，但除此之外，基本上没有看到其他，那就太可惜了。

无论是中国的还是高丽的，现在陈列的物品，原来都是杂物。“细川井户”“油屋肩冲”均为这样的典型，不是为了附庸风雅而制作的茶器，而是纯粹的民窑产品。是所谓的“粗货”，在当时就是大量生产的杂物。其中也许能够选出釉色、做工、造型及整体感觉比较好的器物，但其中的美之器物绝不是任何个人有意识策划的结果，而应该是粗放的、自然的制作方式和烧制方式的惯性所致。只有在民窑才能出现如此之美，不应期望其成为特别的器物。能够从这样的下等物品和民间器物中发现美，可以说是得益于初期茶人的能力吧。

如油滴天目，一看就知道无论如何都是上等物品的标本，但原来这样的茶碗在中国多用来盛黄酒，在当时有较大的产量。看到过油滴釉的人不在少数，前些年我去北京时，在市场上看到近期博山窑生产的大量天目茶碗在廉价出售，打眼一看其中就有五六个油滴釉茶碗。不知道的还以为是宋窑，狡猾的古董商知道了就赶紧过去，迅速装入箱中，悄悄放在店中出售。买家还以为是出土文物进行采购。

某个人曾主张，就算大体上那些物品都是杂物，能从中选出具有极其稀有的美感的，且没有两件是相同的器物，这一事实是不会变的。因此那不是粗糙的物品，而是很少见的物品。只有独一无二的上品才能选为茶器，不能与随处可见的杂物相提并论。

然而，从现在的结果来看，这种想法只不过是一种假设。第一，名器过去是极为低廉的杂器的事实，这是毫无疑问的。第二，其趣味是基于杂物基础而产生出来的。不能忘记，美绝不是人为策划出来的。第三，可以选择的前提是会有大量的产品可供选择，从一开始就不是少数。第四，我认为数量稀有的原因是，能流传到日本的数量极少。如果可以在当地的窑口挑选，同样程度的器物就不止一二了。在某种程度上，“井户”茶碗那样的物品恐怕已经司空见惯，而且各方面都很漂亮，令人讨厌的“井户”恐怕并不存在。就说“梅花皮”，恐怕没有“梅花皮”的“井户”反而是稀奇的吧，对于“井户”来讲，有“梅花皮”是极为平凡的。只有这样的平凡，才是保障美的重要原因。

暂且不谈那些器物为何被赞为名器，什么是成为名器的理由。事实上，一开始就作为名器而制作的器物是不存在的，知道如此事实的人极为稀少。

那些所谓的大名物，其实就是什么都不是的器物。或许“什么都不是的器物”容易被误解，不如直接说是“理所当然的器物”。不仅是平凡，用禅僧的话可以解释为“平常”与“无事”。真宗[11]的妙好人[12]在别人问“何谓心境”时，答曰“什么也没有”，这样的回答意味深长。人们对那些名器是何等崇尚，可是当这些被崇尚的器物摆在面前时，很少有人能够看出是产生于质朴的寻常环境的器物。如今被叫作“大名物”的，通常会被联想为某些奇异的物品，事实上只是一些平实的器物。只有如此，器物上才会具有不被约束之美。那些作者如果听说平常的器物在今天被当作“大名物”而受到崇尚和收藏，恐怕会不知所措。那些不是做作的物品，因此也不是为某种趣味而制作的物品，这样的说明难道不够充分吗？

在此可以得到一个重要的真理——与名器在同样的环境生产的，或者正在生产的民间器具数量巨大。因此，若是从中选出大名物等级的名器，应该是比较容易的。因袭不昧公的喜好标准自然不错，但名器并非必须从那样的器物中选出。品格能与之匹敌的陶瓷在这个世界上大量存在着。不知何故，今天的茶人就是无法选出自由的、独创的器物，这是不可思议的。早期的茶人能够从杂物中根据自己的喜好自由地选出名器，为何没有继承如此自由之衣钵者。的确，要在一定条件的物品中找出茶器——能够与“大名物”比肩而立的物品，或许是比较困难的吧。假如“茶”已经被死板的规约所囿，那便是茶人没有见识的证据。“茶”要可持续发展必须进行创造，必须要产生新的茶器。若不如此，“茶”哪有生命力可言呢？而抹茶道[13]并非正宗茶道，番茶道[14]应该是好的。我期待新的能够选择器物者的出现。

时常有人买了茶器却不能用于“茶”，大致有两种情况导致不能使用：一是因庸俗、丑陋而不能使用；二是根据习惯因不符合过去的尺度和规范而不能使用。前者没有太大的问题，而后者则有必要反省。仔细思考就能够找到问题的关键，这种“不能使用”，是由将固有的“茶之型”视为不变之物这一想法上生发而来的。也就是说，这不过是认为“茶”没有创造力之人的叹息而已。可以说，能够自由使用才是成就美的有力证据。“茶”要向前发展，必然不能止步于某一点，所以也要发展茶室，与之有关的器物之基准与形态也要加以变化。认为“茶”已经走到没有余地的，不过是一些没有创作能力的人。早期茶人正是由于创造及其相关的结果，才是优秀的。这个世界中有无数能够吸收并加以活用的新茶器，必须记住：“大名物”原本绝不是茶器。在许多场合，“不能使用”所批评的，只不过是那些没有使用资格者的无力而又傲慢的态度罢了。

所以，我看到在七件名器面前心生喜悦者，对他们为何会有那样的珍重感而感到不可思议。这些器物若是没有“大名物”的铭记，也许就会没有人关注。实际上，在今世没有来历的物品中，能够与“大名物”相匹敌的美之物品还有很多。初期的茶人所见到的物品的数量与种类可想而知，但在过去却没有像今天这样能够见到大量物品的机会。我对那些尊崇“大名物”的行为没有异议，但同样也很怀疑他们是否具有深入观察其他物品的眼力。“大名物”是值得尊崇的，但若是真正具有那样尊崇的眼与心，也应该发现其他民窑中值得尊崇的物品，忙碌的眼睛应该起作用。

细细想来，“油屋肩冲”因其釉药的变化导致釉色映入眼帘，其所具的釉味，实际上在其他的器物上也能看到。在探寻苗代川[15]的“黑纹”时，我曾经接二连三地有所发现，民艺馆[16]亦藏有大量的实物。然而，究竟有多少认可如此事实的收集者呢？当这种人缺位时，茶器的进步就会停滞。

的确，被叫作“大名物”的茶器都是有来历的，想必也是为历代优秀茶人所喜爱，作为区别于其他物品的由来也是可以津津乐道的。实际上，许多的观察者并不具备观察这些物品的眼力。通过其罕见的由来，将其说得好上加好的人很多。尽管其他的优秀物品大量存在，却都不再理会。由于没有完整的来历，其由来似乎可以随心所欲地谈论，伴随着联想的是丰富的情绪。通过对于爱物者的观察来看器物也是有意味的。然而，一旦以由来为主，物品一方就容易被疏忽。至少也会养成不理会其由来就不能观察事物的习惯。这与将落款与包装箱的题字看作一件器物比什么都罕见的依据是同样心理，如此想法并无恶意，但若是没有凭那些依据就不能去观察事物，似乎会于心不安。伟大的茶人绝不会随意地将这些东西作为收集、使用茶器的依据。那些物品是在直接观察下被发现的。具有权威的茶器收藏只看重那些质朴的、原始的，而不看重来历，来历并不受到尊崇。物品有由来也许是件好事，然而在任何地方都要以物为主，而其由来则是附带的。反之，或许可以说没有由来则不能发现器物，其实是不能发现美。由“大名物”引申到名器并谈论名器者何其多也。今天的茶人已经不可能从无款的物品中自由地选出优秀的茶器，大体上也许是沉沦于“茶之由来”的结果。“大名物”原先是何来历？如果有一位茶人能够直接地观察器物，或许能够成就茶祖那样的伟业吧。

现在，我只是想好好看看这几件“大名物”，心里则感觉到了某种喜悦。应该知道，与我的选择相比，如果不昧公以及其他有名的茶人选择的器物比我选择的漂亮得多，我将会脱帽致敬。结果不过是如前所选，没有什么大不了的（但如今将其视为理所当然，可能已十分困难）。如果那些“大名物”是美的，我可以充分赞赏民艺馆的藏品为“新大名物”，我们能够克服各种困难编辑名器图谱。如果不昧公复活，去参观民艺馆，一定会瞠目结舌——他是拥有自由之眼的。

《工艺》第一百十八号（昭和二十二年，1947年）

译注

[1] 日本陶瓷协会，成立于昭和二十一年（1946）1月。以振兴日本陶瓷文化为宗旨，进行陶瓷工艺的调查与研究，促进生活文化的发展。当时的董事多为男爵团成员。昭和二十五年（1950）10月，受当时文部省的认可，改组为社团法人。平成二十四年（2012）4月，被内阁府认定为公益社团法人。历任理事长为梅泽彦太郎（1954—1969）、森村义行（1896—1970）、浜口雄彦（1971—1976）、濑川功（1976—1984）、大河内信威（1984—1990）、根津嘉一郎（1990—2002）、服部礼次郎（2002—2010）、根津公一（2010—2015）、梅泽信子（2015— ）。

[2] 帝室博物馆，即日本东京国立博物馆的前身。位于日本国东京都上野公园内。1872 年创建，原为东京汤岛圣堂的文部省博物馆，明治二年（1869）以后，作为帝国博物馆在宫内省管辖下设置在东京、京都、奈良。明治三年（1870）改名为帝室博物馆。昭和二十二年（1947）作为国立博物馆重新开放。1952 年定名为东京国立博物馆，隶属文部省文化厅。东京国立博物馆由一幢日本民族式双层楼房和左侧的东洋馆、右侧的表庆馆以及大门旁的法隆寺宝物馆构成，共有 43 个展厅，藏品 10 万余件，陈列室总面积 1.4 万余平方米，展出 4000 余件文物。

[3] 堀口捨己（1895—1984），日本建筑师，和歌诗人。生于日本岐阜县本巢郡席田村。1920 年毕业于东京帝国大学建筑学科，研究生期间专门研究近代建筑史，曾在日本兴起分离派建筑运动。1932 年任东京美术学校教授；1936 年任日本工作文化联盟理事长；1949 年任明治大学教授，后任工学部部长；1965 年任神奈川大学教授。倡导建筑之美，将日本传统的建筑与现代建筑相结合。出版有《庭院和空间构成的传统》《家庭与院子的空间构成》等著作，论文《利休之茶》获北村透谷奖。曾获日本艺术院奖、紫绶褒章、三等瑞宝章。

[4] 油屋肩冲，南宋，陶，高 8.4 厘米，口径 4.1 厘米，腰径 8.0 厘米，底径 4.4 厘米。最早为日本战国时期豪商油屋常言、油屋常祐父子所有，油屋成为这个陶罐的铭款。是来自中国的代表性茶罐，体量不大，肩的曲折灵敏，形体曲线优美，品格高尚。是由油屋献给丰臣秀吉，后经福岛正则、福岛正利父子作为柳营御物而成为德川家传。此后，由土井利胜、河村瑞贤、冬木喜平传到松平不昧手中。不昧将其列入《云州藏帐》中的《宝物之部》，并视为同类之首。现藏于日本东京畠山纪念馆，于 1978 年 6 月

被指定为重要文化遗产，编号：2427。

［5］本能寺文琳，南宋，陶，高 7.3 厘米，口径 2.7 厘米，腰径 6.9 厘米，底径 3.0 厘米。因漂亮的釉色被叫作“三日月文琳”，是文琳（苹果形的茶罐）的名作。最初，因朝仓义景（1533—1573）拥有而得名“朝仓文琳”；现名因织田信长（1534—1582）进贡京都本能寺所致。现藏于日本东京五岛美术馆，为日本重要美术品。

［6］残月肩冲，南宋，陶，高 8.2 厘米，腰径 6.8 厘米，口径 4.2 厘米，底径 3.9 厘米。小型肩冲，口广，蛤刃，捻略深，肩膀有圆润感，躯干有张力，形体的下摆以下略窄；总体上为米黄色釉地，能看到高低不同的红色土胎，底部有细小的线，给人忧伤之感；口缘部的青白釉为残月的形状，另一面也有蛇蝎釉。最初为历代幕府将军收藏的东山御物，后经织田有乐、前田利家、德川家康、榊原康政、京极高广、松平越中守、泉屋六郎右卫门之手到松平不昧。现藏于日本文部科学省文化厅。

［7］枪鞘肩冲，室町时期，陶，产自古濑户窑。高 13.9 厘米，直径 5.6 厘米。因其形状像细长的枪鞘一样而得名。也被叫作“横田肩冲”，“横田”为何人之名不明。器物本体呈长圆形，躯干中间有较大的斜篦痕。涂薄釉，有无数金星状银色显象斑点，庄重而不失华丽。曾经由足利义政、足利义昭、织田信长、丰臣秀吉收藏。于天正十二年（1584）小牧长久手之战和议时，由丰臣秀吉赠送德川家康，后转到第一代德川义直手上。宽政时期（1789—1801），松平不昧以 1656 两白银购得，是其最为珍爱的茶器。现由日本爱知县名古屋市德川美术馆收藏。

［8］油滴天目，南宋，陶，产自中国建窑。高 7.0 厘米。除底座以外均挂上了黑釉，由内向外泛出银色的斑纹。“油滴”之名似乎是油滴到水里那样

美妙。现在叫作油滴茶碗，室町时代叫“油滴”“油滴天目”。是中国福建省北部水吉镇的建窑烧制的茶碗。茶碗的包装箱内写着“油滴”和“天目”的字样，据说是千利休或古田织部的笔迹。江户后期成为大茶人松平不昧的收藏，在其藏品目录《云州藏帐·大名物部》中记有“油滴 古织 土井利胜 木下长存 伏见屋”。1931 年 1 月被指定为日本重要文化遗产，编号：97。1951 年 6 月被指定为日本国宝，编号：10。

[9] 细川井户，李朝，陶，产自朝鲜。高 9.4 厘米，口径 15.8 厘米，底径 5.7 厘米。辘轳缓慢拉成的优美碗形，清晰的内收竹节底座，明亮稍红的枇杷色釉，底座结釉呈鲜艳的梅花皮色，具备井茶碗的条件。被认为是大井户的代表性作品。自细川三斋（1563—1645）持有后开始有“细川”铭款，与松平不昧存放于大德寺孤篷庵的“喜左卫门井户”和“加贺井户”并称为“天下三井户”。现藏于日本东京畠山纪念馆，于 1978 年 6 月被指定为日本重要文化遗产，编号：2426。

[10] 冬木伯庵，日本江户时期的作品，陶，高 8.8 厘米，口径 16.0 厘米，底径 6.0 厘米。曾经为江户幕府的医官曾谷伯庵（伯安，1569—1630）所有，“本歌伯庵”即成为其个人收藏的代名词。现在同一种类的伯庵碗有十多个。其铭款是在江户时代中期的木材商冬木家收藏时才有的。是用小堀远州（1579—1647）的书箱装载的名碗。松平不昧（1751—1818）的《古今名物类聚》中有记录。现藏于日本东京五岛美术馆，为日本重要美术品。

[11] 真宗，即净土真宗，又叫一向宗、门徒宗。镰仓初期由法然的弟子亲鸾创始的净土宗的一派，后又分为本愿寺派、大谷派、高田派、佛光寺派、木边派、兴正派、出云路派、山元派、诚照寺派、三门徒派十大门派。

[12] 妙好人，指日本江户末期净土真宗的笃信者，为有着特殊行状的美者之通称。

[13] 抹茶道，现代日本茶道的主流。日本茶道有抹茶道与煎茶道两种。抹茶道又叫“茶之汤”，使用的是末茶，其饮法是由中国宋代的“点茶”演化而来的。中国南宋的“点茶”由镰仓时代的荣西禅师传入日本，由村田珠光奠其基，经武野绍鸥发展，由千利休创立，形成了日本的“抹茶道”。现在日本抹茶道最具影响力的是“表千家”和“里千家”。

[14] 番茶道，即煎茶道。现代日本茶道流派之一。以“煎茶爱好”、享受茶的味道为特色，有独立的工具和礼仪。相传始于日本江户时代，自黄檗宗僧隐元隆琦开创，由被叫作卖茶翁的残疾僧人推广开来。现在全日本煎茶道联盟的事务局设在京都的黄檗山万福寺内，该联盟会长由万福寺的管长兼任。

[15] 苗代川，位于日本鹿儿岛县东市来町美山的窑场。庆长八年（1603），由来自津岛藩的朝鲜陶工开始烧造陶器，延续至今。产品有高级的“白纹”和普通的“黑纹”等各类。白纹主要用作雅器，黑纹则是日常使用的陶器。

[16] 民艺馆，即日本民艺馆，位于日本东京都目黑区驹场，是日本民艺的新的美之概念的普及和以“美之生活化”为目标的民艺运动的据点。为公益财团法人。1926 年由日本思想家柳宗悦（1889—1961）等人规划，得到了以实业家、社会活动家大原孙三郎为首的很多赞同者的赞助，于 1936 年开馆。第一任馆长是柳宗悦，第二任馆长为陶艺家滨田庄司（1894—1978），第三任馆长为柳宗悦的长子、设计艺术家柳宗理（1915—2011），第四任馆长是实业家小林阳太郎（1933—2015），现任馆长为设计艺术家

深泽直人。藏品有陶瓷、染织、木漆工艺品、绘画、金工品、石雕、编织物等，藏有以日本为主的新旧工艺品约 17000 件，其中绘唐津芦纹壶被指定为日本重要文化遗产。馆中长期陈列日本各地的民艺品，并举办相关的研讨活动。

器物的后半生

序

器物有两段生涯，前半生为制作，后半生为制作之后。由制作者之手孕育，再离开其手过渡到使用者的手中，如此便是历史的变迁。我在这里要说的，是关于器物的后半生。

器物诞生前的生活由制作者负担。为何目的而做？怎样才能做好？要赋予器物怎样的性质？怎样的材料才是合适的？需要怎样的技术？要想正确地生产出一个器物，就必须要考虑这些因素。诞生前的所有责任全部压在作者肩上，同时作者还要承担社会的责任。

然而，器物的性质不是在制作时决定的，而是在其后半生中由器物的生活所决定的。

在器物周围集中了观者、买者、用者，器物由此开始了第二阶段的生活。器物后半生寄托在选择的人身上，选择者与其同在。没有选择者的培育，也就没有被培育的选择者。谁是最好的培育者呢？我可以列举三种人的作用：一是观者，一是用者，一是思考者。这三种人的心念，才是器物后半生的依托。没有这些因素的器物，其后半生就无法生存。

制作者是诞生前的器物之母，而培育器物后半生的是三种人的心念。只有这样的心念才能培育器物的性情，给予其生活，决定其命运。我会将与这些培育者相关的事情一一道来。

一、观者的器物

当你面对一个器物时，要怎样选择？一般人也许是从形、色开始，由此而感觉到器物的存在，但这只不过是单纯的“被给予的器物”。而赋予其特性的是观者。比起说因物之存在而看到，不如说看到了才能有物之存在，方为正道。无论其美与丑都来自我们的眼睛，眼睛创造了器物。

被废弃的器物，是能通过观者的观看而复苏的。牛顿[1]的力学认为，落下的苹果是宇宙的规律在起作用。在他以前也许这一规律就已经存在，但发现这一规律的是牛顿。同理，关于美的器物也是如此。对于美视而不见的人来讲，美是不存在的。同样，对于错看者而言，再丑陋的器物，也是一直当作美的器物看的吧。器物的一生为观者所左右，因此我想与器物相关的问题是直观的问题。

器物，是“被观看的器物”，除此之外什么都不是。如果说器物只是单纯的器物，只不过是怠惰的假想而已。不被直观的器物，将是无内容的，只不过是单纯生产的产品，在此没有美丑，这样的性质是不存在的。器物的存在是包括观者的存在，是观者的器物。对于器物来说，“被观看”与“存在”是一致的。没有观者的存在，不是真正的存在。因此我们要说：器物的美丑是观者的创作。

必须认识到：我们的看法如何是有责任的。当观者浅薄、羸弱时，所反映的美也许会浅薄而羸弱；若是混浊、歪斜时，器物也许会有其他的毛病。错看之罪能够扼杀器物，没有比他们的赞美更大的侮辱，也没有比他们的非难更大的误解。我们屡屡对此进行批评，但这样的案例层出不穷。器物的好恶在于观者的好恶，观者的失误将导致所看到的美不是真正的美。

谁有眼，谁就能够观看器物。然而有心得者为何少之又少呢？有从一开始就不能观察者，也有难以观察的场合，各种原因致使眼睛有翳：或是因知识而隐匿，或是循习惯而混浊，或是为主张所迷惑，能够作用于眼睛的原因很多。因此，美丑被错看的情况亦很多。

希望眼光在任何地方都是澄澈的，要不器物就不会以原本的姿态出现。所谓的澄澈只不过是没有污浊之气，也不透过彩色玻璃去看事物。在眼睛与器物之间不应存在介质，换言之就是要直接看到器物之所在。若是借用禅家的话语来说，即是“明心见性”。正确的看法是直观的，是直接的观察，即以及物而观察为好。而且，物与心交。当两者合二为一时，就有了直观。没有这样的直观，就没有器物的存在，即便有也是空的。不能加以直观的事物，就不是真正的事物，构成器物性质的是直观。没有直观就不可能完成认识直至判断，没有超越直观的审判。

器物的存在价值是由“观”来决定的。可以说无观者，即无器物。没有眼睛时，器物只是静止的状态，最多也只能叫事物。然而，当有观者观看时，器物的生命才会苏醒。没有观者时，器物便是死物。因此可以说，器物是由观者创作的。若是没有达到创作的水准，就不是观者。良好的鉴赏，创造了器物；良好的眼睛，是持续的创造者。所有隐匿的谜，在直观的面前都得以暴露。直观通常也是发现、开拓。直观美化了世界，也许能够被叫作器物的养母吧。如果制作者是器物前半生的母亲，那么观者便是培养其后半生的养母。

我可以再次举例证明。这里有一只朝鲜的贫民使用的饭碗，是随处可见的廉价物品，谁都不会觉得是值得观赏的器物。然而有观者一见它，便为其美所打动。此时，饭碗已经不再是饭碗，而变成了尊贵的名器，成为茶碗，甚至作为“大名物”而被赞誉。饭碗是朝鲜人的制作，而茶碗则是茶人的创作。若是没有茶人，这只不过是一只普通的饭碗，是不会引人注目的低廉的器物。没有观者，就没有器物后半生的历史。要是只有作者制作的美之器物，而没有观者邂逅，也不会出现无限之美。所谓美之器物，是能够看到美的器物吧。

我这里要写上一笔：要有正确的认识，就必须直接观察器物。

为了直接地观察，就不能有所判断。无论如何直观都要在判断之前。要是已有的知识事先发挥作用，将会导致眼睛有翳。若是知后而观，则等于没有观察，因为直观的作用已被中止。美之器物是可以体验的，所有的考证、分析都显得无力，是因为会对直观有所干扰。但若是直接观察，则能够触摸到美之本质。历史或系统分析再明确，也不能直观地理解美，因为这属于“认知”而不属于“观察”。只有观察，才能把握器物之美。

我时常被问：怎样才能够直接观察器物？虽说先天的才能是原因之一，但也并非没有什么后天养成之路可走。与直接观察最接近，应该是一颗信任之心，这样的信任之心基于直接的感受。若是疑惑就会起反作用，而起疑也是知的判断。

或者说，观察之心与震撼、惊心的性质相近。当因器物而惊讶时，感受的力量是巨大的，也可以说是由衷的钦佩。如果没有震惊，就说明观赏的机缘未到。冷静，与认知之心相连，却与观察之心无关。惊讶是一种强烈的印象，那样的感觉鲜明而生动。故没有沉睡的直观。

因此，罕见的物品、珍贵的物品容易作用于直观。反之，司空见惯的物品容易被忽视，原因是作用于直观的机缘过薄。基于同样的理由，外来的物品能够招致强烈关注。古代的抹茶器和煎茶器都是外来的，故容易使茶人的直观产生作用。同理，浮世绘[2]在西方亦能够受到欢迎。罕见的器物给人以震撼，是因为观察力的自由作用。只要拥有了包容之心，就能够实施对物品的直接观察。

如此意义的直观，可以说是取自第一印象的最纯粹的形态。在不能够直接感知的器物和见过后让人迷茫的器物中，很少有美的器物。另外，若是为取舍所迷，则可以认为直观的作用已经弱化。在此意义上的以怀疑为前提的知性判断，与不允许怀疑的直观之根本性质是相悖的。中世纪的宗教著作《德意志神学》（*Theologia Germanica*）[3]指出："在相信前先知者不能得到与神有关的全部知识。"美的形态是对非先知者呈现的，观者以其直观使美之世界生生不息。所有的器物都属于直观的器物，器物拥有的美只能由直观带来。

二、用者的器物

器物的生涯虽然经过了“观者”，但其生命并未完成。器物原本是要使用的，使用方为器物。若是没有用者，器物便失去了存在的理由。

但是，这里的用并不仅仅是用。无论是谁都要使用器物，然而，这与谁都能观察器物的说法一样，其内容极其平庸。所有人都有眼睛，可是能够发现好东西的人少之又少。使用器物者，不一定是能正确使用的人，不知道使用技术的人非常多。器物若是只是使用，与没有使用是一样的。我所说的“用”包含了更多的“使用自如”之意。

一般认为，日本人有着惊人的鉴赏能力的遗传基因。像日本人那样乐于观赏器物的国民是极少的，具有器物的观察力者并不少见。不可思议的是，具有观察力者不一定是好的使用者。通过观察可以得到认知，而通过使用得到认知的人却不多。器物最终会成为古董那样的死物，其原因就在于知道如何观察而不知道如何使用。器物是有生命的，通过使用可以发挥其活力。器物的后半生鲜活与否，取决于正确使用与否。

我想，初期的茶人都是用的行家里手。他们会将本来并非茶器之物也当作茶器来使用。或许我该这样说：所有的器物都是在正确的使用过程中，演化成茶器的。茶器不是单纯的美之器物，而是指得到正确使用的器物。并非因为是茶器就当作茶器使用，能够正确、灵活使用的器物才是茶器。所谓茶事，也可以说是正确使用器物的方法。

在这个世界上，有人会因器物不合乎茶之法则而弃用，但这是本末倒置，是不能灵活使用器物者的哀叹，也可以说是没有使用法则所限之外的器物的力量。使用之力可以产生茶器，但使用茶器却代表不了茶礼。所谓茶器，是经使用而有心得者的创作。

物品的生死取决于使用方法，如果不能真正使用，就不是美之器物，只有使用才能够深入观察。为何要以用为依据？是因为器物与生活是一体的。器物若是不能在生活中活化，器物的存在感就会被弱化。要理解如何使用，是器物之道的奥义。达到如此奥义的境界，器物才开始成为我们自己的器物。在没有达到如此境界之前，心与器物是分离的，分离意味着不能触摸到器物的本体。器物的生命，是从"用者"开始的。

拥有美之器物者大有人在。应该用的器物不用，应该用的场合也不用。而不应该使用的器物却经常被使用，其中也有难以使用的器物与只供观赏的器物吧。比起单纯地观察器物，选出能够使用的器物的一方会有更加深刻的愉悦体验。无论怎样，那就是生活中的美之所在。通过观察而知、通过使用却不知的人的生活是冷清的。因为器物已经死了，生活就会停滞。要是只关注过去的物品，器物就没有现在的生活。

在这个世界上，收藏物品的人有很多，但是不愿把收藏取出示人的人也有不少。这足以证明人们不够爱物品，热爱收藏比热爱物品要强。其实，收藏物品的愉悦，是能够和与人分享的愉悦同步的。对作品之爱，若是夹杂着占为己有的不纯的动机就会有所妨碍。其中，恐怕也会有因害怕损毁而不使用的人。还有一个理由，就是自己使用却没有得到愉悦的人之存在。由于这些人的制约，器物变得丑陋。然而，在这个世界上廉价且好用的物品何其多也。如果不能从中选择，那就是没有因使用而产生爱之力。

鉴赏是愉悦的，但使用则有着更加深切的愉悦。只有在使用的场合，器物才会显现其美的姿态。同理，与空关的房子相比，时常居住的房子才会是美的。真正的美之器物，是使用中的器物。器物只有在被正确使用的一刹那，才是最美的。与静止放置的器物相比，使用中的器物是美的。无论怎样，此时的器物是最美的，因为是活态的，因为器物有着更温暖的话语。器物在经常得到使用时，其所在的空间被润泽，心灵也被美化。不被使用的器物是无表情的，只有在使用的状况下，器物才会呈现独一无二的美。是经常使用器物的手，创造了器物之美。

能够使用的器物不分新旧，但如果要选择的话则是新的好，因为古代的器物是在过去的使用过程中培养出来的，所以古物有更多被观赏、使用的机缘。与之相对的新器物，正期待着新的使用者。用者的创造余地是很大的，使用则意味着孕育新的活态。

另外，古代器物很容易堕落为古董，使用者必须谨慎对待。我经常看到本应熟知如何使用的茶人把器物当死物对待的案例。这种情况多是为物所利用，而不是去使用物。如果使用的方法很古旧，处理方式会落入某种模式，使用的器物也会是千篇一律的。这些无趣的茶人并不是不知如何用的人。然而，某些残留的习惯，使他们不能让器物活化。所以，仅有趣味是不会让器物活化的。

三、思考者的器物

由观者选择物品，通过用者使其与生活结合，这就是具有两种趣味的世界，是快乐生活的世界。我想，初期的茶礼就是能够覆盖那些领域的极致。但是，生活在意识时代的我们，对于器物有一个更进一步的任务：在发现美、品味美以外，还要思考美。器物是有意识的，是思想活跃的器物。对美的认识是近代人的新任务，也是过去的茶人尚未充分接触的任务，是只有当今的意识时代具有的某种愉悦。所有的物品都是基于认识基础的造物，无论是观看还是使用都不可能完全孕育出这样的物品。要再做进一步的思考后，方可获得其存在的理由。认识是附加在器物之上的新性质，过去基本上不会这样。思考者的器物是近代的产物，过去的茶人并非思考者。

一个器物是合适的思考对象，这是众所周知的，应该展开问答。不仅是美，真与善也是可以从中追求的。要是未知其妙，那么也就算不上思考。根据一个器物可以编成一本哲学书，进而打造成为一卷圣典。

工艺的世界是多面的。不只是材料、技术、用途、形态、色彩、纹样等，只有在道德的背景下，物品才能端正；只有在信仰的基础上，美才能深刻。如果没有好的社会制度就不会健康，如果没有顺当的经济组织就不会发育正常。多面的工艺，包含着多方面的学问。为什么认为思索可以懈怠呢？思考者必须不停地忙碌。

若是要观察某个器物的美，我们会反复地思索，会考虑到多个方面，会多次产生这样的疑问：为何是美的？ 为何会成为美的？ 其正确的答案从何而来？ 怎样才能使器物处于健康的状态？ 需要遵循怎样的法则？ 是在什么环境中生产的？ 那些又要求怎样的社会制度？ 怎样的经济组织才是必要的？ 制作的道德基础是什么？ 与信仰有什么关联？ 美与生活之间是怎样结缘的？ 无数的问题涌现出来。

同时，我们还必须从其反面进行思考。 器物丑陋是何原因？ 病根在哪里？ 器物为何纤弱？ 目标错了吗？ 为何器物的丑陋不被察觉？若是这些问题能够明了，无论是作者还是购买者都会有一个正确的判断，通过反省使器物的本质得到明确。 关于器物的思想，已经有了现代的新意义。

原本意识所驻，也许是最上等的境地。 但也可以说，拥有意识是世风日下的缘故。 假如所有人都健康，那就都没有健康的意识吧。 不幸的是，在丑陋的物品无限繁殖的今天，我们无论怎样也要进行取舍，而能够左右裁决选择的是意识。 为了不让多数人犯错误，对于何谓美、何谓丑则必须明确。 思考者也会得到如此结论吧。 思考器物如何成为器物，是当今世界切实的需求。 要是没有充分的思考，或许会产生众多的浪费、错误和作伪。 所以，思考是器物发育的一个组成部分，尤其是为了未来必须进行思索。 对于器物进行思考，还能够更加明确器物之美。

思维的世界是各种各样的。 对器物的名称及其语义进行考证也是一项任务，分析其材料，明确其性质，是知识性的。 而考证在何处生产和由谁制作，也是一项工作。 还有由何途径引入，什么时代，什么用途等，对之进行历史的考察则又是思想的一种。

然而，我在这里所说的“思考者”，不是指那些科学工作者和历史学家。虽然那些也是知识的一部分，但在我看来并不占主位。原因是一旦成为间接的知识，就再也接触不到与美有关的本质问题。主要的问题是价值问题，是美的内容的问题。我想，某个器物所具有的美的意义，较之于其存在的科学的、历史的意义，是最为本质的问题。科学的基础必须是与科学有关的哲学，历史之前也必然是历史哲学。若是缺乏对美的认识，其历史的内容也会平淡吧。本质的问题通常是价值问题，这就与形而上学有关。在此意义上来说，美学当然是规范的学问。

在这里，所谓的价值并不仅仅是指物品本身的价值，也不是指用金钱换取的价格，价值是其本质。说到这样的本质问题，总会接触到美的问题，美的价值是器物的本体。物品为何是美的？其美的内容是什么？何处才是其深度？内涵是什么？外延是什么？我们总是在这些问题上纠缠徘徊。其实决定某个器物的存在意义的，是其是否拥有本质性的美。在这里，器物的问题是真理的问题。

时至今日，人们在这些问题上都是暧昧的，故多在这些愚蠢的结论上做无益的反复。在这里，有的工艺史家假装拥有了美之标准，做出了何等的价值判断，还有所谓的历史哲学。在这样的场合，必然会因某个史家的叙述而导致混乱。他们经常对美的内容是贫乏还是丰富有着错误的认识，有时还会对丑陋的物品进行赞赏。这样经常会使美的物品被淡忘，进而对其进行错误的非难，正确的与非正确的不得不用同一标准来判断。价值认识阙如，导致这样的历史不是正确的历史。

历史必须根据价值认识来构成。器物原本不过是单纯的材料，恰当的判断才是价值认识。在谈到器物的性质时，就会知道性质是根据认识来构成的。思考者能够获知器物的性质，历史是认识的创作。某个器物在获得正确的考察之前，不可能具备存在的理由。在没有接触真理的问题时，器物的存在是不完整的。这样的性质是近代以来器物才有的性质，过去对此是不明确的。

但是，我在这里要提醒大家予以注意：无论思考能力如何起作用，如果不具备其背后的观察能力、使用能力，那么要进行深入的思考是不可能的。

器物是有生命的，在这里也与人类一样具有道德和宗教，所以也是真理的宝库。在这里还有与支配人类同样的法则在起作用，没有法则就没有美。法则适用时，器物就会是美的。在器物上有着潜在的法则之认识，是意识时代赋予人们的一种新工作。今天的器物根据思想在新的生活中复苏，这里的器物之存在是过去没有的。器物通过思考者获得了新的美的内容。

观者、用者、思考者，是这些人造就了器物的后半生。观者的器物，用者的器物，思考者的器物，除此之外就不是真正的器物。

译注

[1] 艾萨克·牛顿（Isaac Newton，1643—1727），英国数学家、物理学家、天

文学家和自然哲学家。生于英格兰林肯郡格兰瑟姆附近的沃尔索普村。1661年入英国剑桥大学圣三一学院，1665年获学士学位。随后两年在家乡躲避鼠疫，在此期间制定了一生大多数重要科学创造的蓝图。1667年回剑桥后当选为剑桥大学三一学院院委，次年获硕士学位。1669年至1701年，任剑桥大学卢卡斯数学教授席位。1696年任皇家造币厂监督，并移居伦敦。1703年任英国皇家学会会长。1706年受英国女王安娜封爵。其研究领域包括物理学、数学、天文学、神学、自然哲学和炼金术。主要贡献有微积分、万有引力定律和经典力学的发明，设计并实际制造了第一架反射式望远镜等，被誉为人类历史上最伟大、最有影响力的科学家之一。晚年曾潜心于自然哲学与神学。1727年3月20日在伦敦病逝。

[2] 浮世绘，日本江户时代兴起的日本绘画流派，以江户为中心盛行的民间风俗画，"浮世"即"当世"之意。作为一种现代风俗画，多以都市生活和戏剧为题材，也有描绘风景和花鸟的，开拓出一个既平明又极其洗练的美的世界。画作多被复制成版画而得以普及，样式上分为三个时期。①初期，从菱川师宣出现的17世纪50年代到锦绘开始前的1764年。从一色墨折到丹绘、红绘、漆绘，再加上红折绘，都发展到了观念性的彩画阶段，其特色是不能明确区分美人画和演员画的主题的混淆和样式的类型化。主要画家有师宣、鸟居清信、鸟居清倍、怀月堂安度、宫川长春、奥村政信、西村重长、石川丰信等。安度和长春对木版技术的不成熟表示不满，专门从事手绘。②中期，从1765年锦绘创始到宽政时期的浮世绘全盛期。完成多色折实现了合理的彩色，描绘逐渐增加了写实的倾向。使江户市民的生活感情美丽地升华了的铃木春信、鸟居清长、喜多川歌麿的美人画，东洲斋写乐的演员画是这个时期丰盛的收获。③后期，幕府末

期的浮世绘衰退期。宽政时期，美人画、演员画这两大类浮世绘衰退，风景画和花鸟画成为新的主题。葛饰北斋和歌川广重开创了一个清新的画境，装饰着浮世绘的末尾，歌川丰国、歌川国贞、歌川国芳等歌川派代表，描绘出浓艳的美人画，侠义而自豪的演员画、武者画，反映着动荡的世态。

[3]《德意志神学》(*Theologia Germanica*)，14 世纪后期的基督教神秘思想的著作，作者名佚失，据推测可能是属于条顿骑士修道会的一位神父在法兰克福附近的萨克森豪森写成。1518 年由一位维滕贝格的神学家马丁·路德出版。

高丽茶碗与大和茶碗

一

同样被人叫作茶碗，同样会给人以无上之美感。对“井户”和“乐”的赞美不绝于耳，然而真的有那么好吗？怎样的物品能被叫作名器？这样的物品又有何可取之处？我的看法不想局限于某个地方，只被可取的优点安慰不是很悲哀的吗？我们是想在美之中追寻深沉的、干净的、安静的性情成分，这就需要把握与之相适应的器物。我在观察茶碗时就是这样考虑的。

二

无论怎样比对，差异是明显的。同样都叫作茶碗，制作不同，养护也不同。在看到高丽器物与日本器物时，我就这样想。这样的差别是朦胧的，许多茶人对此忽略不计甚至认为连过问的必要也没有。但明白这样的差别，也就是坚守茶道之所在吧。近代以来，茶道基本上荒废了，能有正确的看法者已是少之又少，所以如此正确的看法反而显得奇异。就算显得奇异，该加以区别的事物还是要区别对待为好。这并非是要分出高下，而是在对器物的看法、制作的方法、思考的方法上引出深刻的道理。这问题是个好问题。

三

茶碗可以分为三类。根据制作的国家来分，可以叫作“唐物”[1]“高丽物”与“和物”。在唐物中，除天目[2]之外还有少量青瓷，可暂时忽略。有时也将前两种并称为“渡物”[3]，然而叫作“渡物”的茶碗基本上为高丽出产之物，因此，高丽物与和物，两者基本上能够代表所有的茶碗。如果要将两者比较，以“井户”和“乐”为例是最为恰当的。在高丽物中，“井户”为第一；而在和物中，谁都会推荐“乐”吧。

那么到底有何差异呢？国别的不同，这是毫无疑问的，而风格的差异也是理所当然的，但在本质上还是有差异的。地理、外观的差别，与之相比只不过是很小的一点。如此之差异，应该会引起美之变动吧。不仅仅是左右的差别，还有轻重之差。所以这两种茶碗是不能同等看待的。

四

光是对比是不充分的，应该认为这两者的反差极为明显。极致会引发另一个极致，在极限中相异的两者会合二为一也未可知。然而，这样的理念能否在现实的物品上反映出来呢？可悲的是，现实离极致还是相距甚远。观者若是看到，便不会看错。我姑且称之为“直接品物”。如此各类物品会有怎样的性质？是怎样表现的？有什么样的趣味？我想是值得玩味的。特别是在明确美的道理之时，这是重要的核查。如果能反复审视，或许会有几多暧昧得以纠正。

五

众所周知，高丽茶碗原来不是茶碗（在这里，“高丽”不是时代名，而是国名，如同朝鲜。中国被叫作“唐”也是同样的道理。又：在这里，茶碗是指抹茶的茶碗。茶碗还有其他品种，如汁茶碗、饭茶碗、小茶碗等）。茶人所称呼的高丽茶碗，实际上不是为了抹茶而制作的，而是最一般的饭茶碗，只不过是被茶人用于抹茶而已。然而，这些叫作茶碗的却毫无例外地有了两种不同的生涯：前半生是饭茶碗，后半生是抹茶碗。这样的历史是不能忘记的。

今天被紫缛金襕包裹、装在几重箱子里的高丽茶碗，原先只不过是贫民日常使用的粗糙的食器。是那些对无上之美极其敏感的第一代茶人，将其变成价值千金的器物。这里的一切都是不可思议的，“不可能”在光天化日之下成为“可能”。

饭茶碗的作者是无名的朝鲜工人，可是使其成为抹茶碗的，则是有名望的茶人。我们赞赏后者的不平凡的眼光，如果没有他们，这样的器物最终还是饭茶碗吧。但同时也不要忘记以下的真理：如果原本不是饭茶碗，也绝不会成为抹茶碗吧。这就是最不可思议的真理。读者请记住平凡的食器作为茶器而大放光彩的历史吧！只有那些平凡的杂器，才能精彩纷呈。对此视而不见者，则会错过美。

六

转而看“乐”。或是仁清[4]，或是乾山[5]，也可以选择其他的和物为例。这些茶碗，他们未曾发生过转生，没有两种生涯，一开始就是茶碗，是作为追求茶礼的茶碗而制作的。无论怎样也不能从饭茶碗中被找到，其最初就是有着非凡要求的茶碗，是作为美术品而诞生的。无论怎样，在和物与“高丽物”的产生过程中能看到的不同还不够显而易见吗？同样都被叫作茶碗，但其性情似乎是不一样的，只不过在作为茶的容器上是共同的。这样的不同器物，只用同一句话来赞赏，难道不是粗笨的吗？美的形式当然是不一样的，必须加以更明确的评价。

七

“乐”的观者与作者是同一的，或者说所谓和物的特点就是由观者到作者的进化。与之不同的是：先制作器物，经观察后转为茶碗，“高丽物”就是如此。两者截然相反，一种是鉴赏呼唤制作，另一种是制作引来鉴赏。最初生于趣味的器物，与原来就是为实用而制作的器物，两者的差异是无法忽略的。一个在任何地方都是雅器，一个在哪里都是杂器。

然而，读者是不可根据语言上的廉价来确定那些器物的美之价值的。趣味丰富的雅器——如此叙述的语言其本身就很美，可那些优雅的内容都是联想出来的，因而不得不小心。趣味之作无论怎样都会约束美的程度。实用的杂器——这个说法听上去是远离艺术的。可是，实用与美相悖又由谁来断定？究竟哪一方与美结缘更深呢？茶人经常说：“茶碗即高丽。”意味着高丽物是第一的。我也认可这一正确的说法，让我们进一步展开谈这个悖论吧。

八

意识之作、无意识之作，用这样的语言应该好一些。如果觉得“无意识的”这个说法不好，那么使用理解之作、本能之作的说法也行。我们来分析一下“乐”吧。作者与委托制作者都是从怎样的美的角度去考虑的呢？他们在形与色方面苦心经营，无论怎样的程度，都是在对美的理解和意识的基础上来开展工作的。他们以完成美的茶碗为目的，精心制作，计划着美之作为，一完成就引起轰动，甚至成为一国之盛事。他们是茶人，已经与常人不同，是在茶境中来去的风流者。

还是来看“井户”吧。情况是不同的，在这里所看到的是一字不识的工人们。他们没有时间去了解“茶”吧，不，是没有“茶”存在的土壤。他们没有美的知识，如果问之以知识，他们想必会慌乱。然而，他们在制作时所依赖的，不是充分的意识，还不如本能。所以，与其说是“制作”出来的，还不如说是“天生”的。“制作”，实际上不是他们所得到的力量。是什么力量在起作用？可以说是依赖于本能而制作的。做出来的物品叫杂器，也没有什么值得骄傲的。无论是谁都能够满不在乎地制作出来同样的物品，所做的器物也不是为了鉴赏。是粗放地、快速地制作出来的，是可以自然使用的，出售时也满不在乎。从一开始就是从此罢了，与“乐”的性质不一样。拿完成的这两种作品相比，究竟谁更胜一筹呢？茶碗限于高丽，这就是最终的结论。

九

让我们进一步追寻不可思议的由来吧。先来一场禅之问答吧。为什么无论怎样先进的智慧都不能战胜快乐与本能的作物？为什么无论怎样的作家，都没有匠人的工作引人注目？为什么无论怎样的“乐”都不能充分具备“井户”的竞争力？如此反复教给我们的是：不知者的信心被赞美，而滞于知见者的愚蠢则被嘲笑。在此，有“知”并非有罪，但止于“知”会导致灭亡。这样的案例在“乐”中可以见到，意识之作最终会给人以疑惑。就算有美的佳作，但更加深沉的器物或许在他处也有，其实例在“井户”中就能见到。

人们应该更多地思考意识之小，以此来将意识扩大化。而要想认识到意识之小，则应对出于本能的造物更加心怀敬畏。那才是世上值得尊敬的对手。由此看来，“乐”对“井户”的敬畏是不够的。

十

知为个人属性，而本能则为自然属性。 知为当下的力量，而本能则为历史的力量。 本能在无意识中形成了知，本能难道不是胜过知识的智慧吗？ 成就“井户”的难道不是隐匿的惊人的自然之智慧吗？ 不要认为工人们的无知是可笑的，自然的睿智给他们以支持，他们所制作的无意识的美之作品是不可思议的。 般若偈云：“般若无知，无事不知；般若无见，无事不见。”[6] “井户”是在般若的无知作用下完成的吧，虽然不知美为何物却成就了美。《信心铭》曰：“多言多虑，转不相应。”[7] 关于“乐”的美之议论是比较多的，却未看到相应的作品，可谓知道美却脱离了美。 我想，这就是“乐”之困窘。 仅将茶碗说成“乐”并非恰当，“乐”还残留着业，其内涵是什么，再怎么掩饰都易被看透。 其完美，似乎有点让人厌烦。 让茶碗止于“乐”，茶人都忧心忡忡，因为所看到的并非其所希望的。 与之相反，在“井户”上能够看到那样的业吗？ 绝不是。 将它们都放在“大名物”的地位上，又有什么不合理呢。

十一

特别要注意工作中的游戏心态。 即使所追求的是充满趣味的器物，仅以游戏的心态来工作还是成不了事的。 造物并非轻而易举之事，必须循序渐进。“乐”的不足之处在于其工作是由外行人担任，其实，在烧结之前他们出不了什么力，最多也就是完成一些轻松的相关杂事。因此，所谓“乐”适合作茶碗，不过是事后的借口。说什么触感柔和温润，饮茶时心境畅快之类。然而，如果这就是“乐”的功德，还不能说是美之极致。在造型方面，无论是素胎还是釉色，都达到高超的水准了吗？这样的结果只不过是得到了某种优雅的安慰，可是，这工作称得上是像样的工作吗？在烧造的过程中所看到的，能够确认是什么究极的方法吗？

然而，“井户”的制作是不存在安慰性的心态的。工人是熟练的，作为工人需要苦行，单调的无休止的反复，要出力、出汗。那是长次郎、道入[8]、光悦所不知道的世界，是他们接触不到的世界，是他们无法想象的世界。“井户”是直面生活的认真的工作，是只有借助熟练工人之手才能完成的工作。由外行人着手制作的“乐”，作为器物是完全无法与“井户”匹敌的。对“乐”的赞赏与对“井户”的赞赏相当，我想这对“井户”是不公平的。对双方给予同样的评价，看似公平却不怎么公平。所有的物品都有段位，可谁才接近神的御座呢？在此却是暧昧的。

十二

无论怎样的大名物茶碗都没有铭文。“井户筒”“喜左卫门”“九重”“小盐”“须弥”等这些如雷贯耳之名都是茶人们赋予的，却与作者无缘。高丽的器物无论是怎样的名器，都没有款识。是在哪里由谁制作？无从知晓。是无从知晓的大量的杂器，是粗糙的饭茶碗，但是也不容忽视。没有比无款无铭的物品更值得称赞的了，所以第一代的茶人才毫不踟蹰地将它们选为茶碗的吧。有欠缺的、有歪斜的、有附件的、有伤痕的，在这些物品上都成了可贵的个性，无端涌现出美。无款的确是一大源泉，但并不是说世上所有的无款之物都是好的，只是所有的大名物都是无款的这一点还是熟知为妙。无款与美之器物的缘分甚深。

可是，所有的“乐”都是有款识的，丰公[9]赠予的都被叫作金印之物。若是无印，茶人们便会代为宣扬其为某人所作的佳品。道入作、光悦作、道八[10]作、某人作，不点出制作者的名字就不会引人注目。所有的器物上都有落款，评论者也将其视为个性之美大加赞赏。这样的看法正确吗？在工艺的领域个性能够保障价值吗？由个性衬托的美是好的吗？个性之美是最终的美吗？出现这些问题是必然的。越过任何个性的物品就不能追求美吗？人类的修行就不能超越自我吗？若是自我能够成就美，那么无我则会更美，我们所呼唤的器物终将是美之器物。在此产生了“乐”的界限，优劣之分是必然。与有款的物品相比，无款的器物更容易发掘出深刻之美。要从“井户”去探寻丑陋的器物是极为困难的，而从“乐”去找则相对容易，那样的物品何其多矣。

十三

一个简单的过程。大约在价值没有确定前，使用的工作场所是脏乱的，用者是贫穷的人群，其中多数是廉价的、粗糙的，却从未错过器物之美。朴实的器物是落落大方且谦逊的，只有谦逊才是受到尊重的道德。以人来作比，贫贱之器如富有道德则能够显现美。美因德而美，质朴的“井户”拥有无限之美是必然的。

而“乐”则不同。装饰刻意，是高价之物，经手的都是王侯富豪，是贫穷者不会买的，不是饭茶碗。总之，“乐”不是“井户”，也不可能是“井户”。

富贵之物也并非必然会道德缺失，只是特别奢侈的物品容易被虫蛀。圣人说过，奢侈的物品在天国难以流行，这是不会错的。“乐”是在难以与美联结的环境中孕育的物品，虽然在此不能够判断为孕育不出好的物品，但期待“乐”中有佳品的确是一种侥幸。难以有所期望，因为“乐”多数是病态的。

十四

为“井户”所惊的茶人们想要自己孕育茶碗，“井户”之美已经为人所知。他们对美在何处很有心得，也能细数那些茶碗在何处是可取的，并赋予一个一个的名称。进而感慨那些歪斜的、带伤的都是独一无二的景致，具有美之形态的茶碗在他们的眼前摇曳生姿。可是，如此之美的器物难道不是我们想要做出来的吗？对于“乐”来讲，其诞生就经历了仔细的观察、真诚的爱抚、火热的情感的过程。到此时还是不错的，但再进一步或许会成为悲剧。

他们想把生于自然的“井户”之美制作出来，把原本并不曾考虑过看点的茶碗用人为制造的看点组装起来。设计高台与碗底的细节还不够，试着令其歪斜变形，加上伤痕、篦目[11]之类，再挂上垂釉，仍觉得不够。还特意毁坏再加以修缮，并为如此费尽心思而高兴。然而，观看与制作不是一回事，他们以为这就是在制作茶碗了，以为这样制作的茶碗才是正宗的茶碗。然而“井户”上那些从未刻意生成的妙处又怎么可能与之相同呢？固守自然的物品，与人为的物品是不同的。因此，“井户”的看点绝非“乐”的看点。要是说刻意制造看点，那么原来的看点就均不复存在。茶人所喜好的做作的造型上，怎么可能有着涩与静的意思？读者能够有所感受吗？实际上，“乐”并非完美的茶碗，做作的涩味是对茶器的冒渎，因而是丑陋的器物。“乐”在日本的茶器中，是一切丑陋的发端，在“井户”的面前毫无趣味可言。

十五

若是好的和物，便出自少有作为的窑。源于“茶”而又不囿于“茶”的，是忘记作为后制作的茶碗。要是与“乐”相比，无论怎样的“伯庵”[12]都是正常的，与“井户”颇为接近。在濑户[13]、志野[14]出产的好的茶碗却很少，可能是过于有作为了吧。唐津[15]的出品基本是好的，没有篦目、涡卷与歪斜的器物都很好。因为本真，而显得质朴。更重要的是这些物品都是无款的，要是有款就会降级。有人总喋喋不休地说仁清如何如何，可他只不过是二三流的陶工，他的世界与侘寂有关联吗？他的许多茶碗受到妇女儿童的欢迎，但却不是必需之物。乾山的制陶技艺也近乎新手，但他作为绘画的乾山还是够格的。然而，在“井户”面前，他的茶碗等同于儿戏。

如果今后有更好的和物，一定是在不是为了做成茶碗的茶碗中出现，是在馄饨钵与荞麦碗那样的日常用品中找到，因为那些物品与产生“井户”的历程大致相同。

假如再有优秀的作家出现，恐怕也不能停留在“乐”与“仁清”的程度吧。只有认识作为之罪，智慧才能启动，无论如何都必须进入活态的自然之道。作物的要谛是要展示比自然更为自然的物品，也可以说是与自然有关联的工作。为此，就必须远离作为之罪，最终回到美之本道上来。他们要在看到过正宗的朝鲜物品后，进一步地为茶碗服务，必须进而超越引人注目的装饰而回归静谧的、圆满的作品。

大和茶碗的历史应由此开始，与迄今为止的高丽茶碗的历史相对应。“乐”的历史似乎不太像历史，以“乐”来夸耀日本已经被弃。茶碗不能只能到“乐”为止，只有如此才是未来委托的重要工作。

《工艺》第六十七号(昭和十一年,1936 年)

注释

[1] 唐物，原指中国唐代通过船运到日本的物品。后泛指舶来品。

[2] 天目，即天目茶碗。为唐宋时期中国福建建阳出产的建盏碗。为镰仓时期到中国浙江天目山禅寺留学的僧侣归国时带到日本的茶碗，是日本抹茶

碗的一种。其釉色原则上是黑釉，也曾出现过白釉色的，被称为白天目。

[3] 渡物，一般指日本雅乐中的唐代乐曲。此处特指舶来茶碗。

[4] 仁清，全名野野村仁清，生卒年不详，主要活动在日本江户时期。出身于著名茶壶产地丹波野野清的陶工家庭，去京都后开始在粟田口烧制茶器，1647年在仁和旁门前筑窑，1661—1680年为其鼎盛时期。毕生致力于陶器的彩绘，创造出京陶优雅的日本式彩绘手法。仁清的彩绘陶器是在粟田口窑早期手法的基础上发展起来的。其独创而卓越的意匠，在以紫藤、山寺、吉野山、青松、粟穗为题的大型茶壶上发挥得最为充分。这些图案大多采用绘师的草图，比如山寺茶壶多具狩野派风格，粟穗茶壶则是出自长谷川派风格，其他的茶壶也采用了诸流派的装饰画法。代表着日本江户时代陶瓷艺术的水平。亦指京陶代表人物仁清的陶艺作品。

[5] 乾山（1663—1743），姓尾形，名惟允，通称权平。日本江户中期的陶工、画家。因其初开窑的所在地鸣泷（京都市右京区）位于皇城的乾（西北）方位而自号“乾山”。另还有名号为：深省、尚古斋、玉堂、陶隐、紫翠、灵海、逃禅、习静堂、傅陆等。京都织物富商之子，尾形光琳（こうりん）之弟。性格内向，好读书思索，志在隐逸。曾随京烧大师野野村仁清学习制陶。37岁时，在京都设鸣泷窑。晚年去江户宽永寺的入谷（台东区）设窑，为法亲王烧制御用器。著有《陶工必要》和《陶磁制法》两书，传世绘画有《八桥图》《花笼图》等。

[6] ［唐］大珠禅师《顿悟入道要门论》，引自［唐］大珠禅师、黄檗禅师、永嘉禅师、［民国］刘洙源著《佛法要领·永嘉禅宗集·传心法要·顿悟入道要门论》，台北：老古文化事业公司，1983年9月，第6页。

[7] ［隋］僧璨《信心铭》，弘学编《中国佛教高僧名著精选》，成都：巴蜀书

社，2006年5月，第759页。

[8] 道入，即乐道入（1599—1656），日本安土桃山时代到江户时代初年的陶艺家。第三代目乐吉左卫门家的家主，法号为知见院道入日宝居士。其黑釉茶碗为当时一绝。其传世作品有休闲七种：狮子（黑）如心斋书、升（黑）原叟书、稻妻（黑）江岑书、凤林（红）江岑书、若山（红）如心斋书、鵺（红）原叟书、千鸟（黑）原睿书。休闲后窑七种：检校、贫僧、大黑、小黑、钵子、早船、小云雀。加贺七种：桔梗（黑）、善福寺（黑）、青山（黑）、霞（黑）啐啄斋书、此花（黑）、香久山（黑）江岑书、今枝（黑）。

[9] 丰公，即丰臣秀吉(1537—1598)，亦称丰太合。日本尾张国爱知郡中村乡中中村（今名古屋市中村区）人。安土桃山时代的武将。织田信长的足轻木下弥右卫门之子。本姓丰臣，幼名日吉丸，最初以木下氏为名，叫木下藤吉郎，后又叫羽柴秀吉。跟随织田信长屡建战功，受到重用。信长死后，讨伐明智光秀、柴田胜家等人，先后平定四国、九州岛、关东、奥州等地，1590年天下统一。其间，天正十三年（1585）任关白，翌年成为太政大臣，赐姓丰臣，后又让位于养子秀次改称太合。同时实行检地、刀狩，使兵农彻底分离，筑就了幕藩体制的基础。文禄、庆长之役出兵朝鲜，战争进行过半时在伏见城病逝。曾热衷于茶道活动和桃山文化的复兴。

[10] 道八（1740—1804），日本江户后期以高桥道八为名的京都陶工，到现在已是第七代。为伊势（三重县）龟山石川藩的武士出身，宝历年间（1751—1764）至京都学习制陶技能，后在粟田开窑，号松风亭，以烧造当时流行的煎茶茶具而闻名。

[11] 篦目，即篦印，制陶术语，指用篦状工具扫过的痕迹。

[12] 伯庵，日本陶器的一种。是濑户窑在桃山末期到江户初期的短期内烧制的物品，有很多是茶碗。因江户初期的幕府医官曾谷伯庵喜好茶碗而得名。

[13] 濑户，位于日本国爱知县东北部，周围的丘陵出产优质黏土和木质燃料。从15世纪开始，成为日本陶瓷业的中心。

[14] 志野，为日本桃山时代（1573—1603）美浓地方生产的陶器。以茶具居多，施以厚厚的半透明长石质白釉，釉下有氧化铁描绘的纹样。除一般志野陶之外，还可以根据其装饰分出鼠志野、红志野等。

[15] 唐津，指产于日本佐贺县中部和长崎县一带的民间陶器。其工艺方法系天正时期（1573—1592）由朝鲜李朝的陶工传入，因此有着鲜明的李朝风貌。除生产日用陶器之外，还生产优质茶道用碗。

茶　器

一

爱好“茶”的人很多，研究“茶”的人也很多，但是，对茶器的看法依然是迟钝的。无论怎样的眼光，时至今日也都衰退了。所以说，只有知者，而无观者，感觉缺了一半。即便有感知力，也必有观察力，才能获得真知。若是在感知之前不去观察，是无法真正习得什么知识的。对文献的考证与诠释的整理即使再多，但若缺失了一个关键的要素就失去了全部。所以仅凭感知是无法认识物的。再怎么巧于茶事的人也不能仅凭此接近美。“知”不能产生“见”，先见而后知。

这样的事情在信仰之场合是同样的。知后不信者与知后而信者都会为信所抛弃。这样的秘义在“茶”的学问与“茶”的趣味里却被遗忘，是不可思议的。如果有可能先见，那么就必须要见，之后才能深知。

二

前几日我在拜读一位学者的关于茶器的书时，有了更加深刻的感觉。 他的学识确有给人知识的所在。 然而令人困惑的是，即使茶器是极其无聊的，也还得仔细地阅读其叙述，这是令人郁闷之赠物。 著者看到了什么？ 又由此而想到了什么？ 优劣取舍，“知”总是显得力不从心。

一旦搜索到新的文献，著者的笔就急着行动了。 但是，为何要以文献作为力量和依赖呢？ 文献是间接的，无论如何都不及自己与物的直接接触。 对物的直观才是确信的，文献的内容仅作参考就好了，大概他们是受了知识权威的诱惑吧。

翻开插图页也许就会后悔，在这里观察的力量是无法隐匿的。 正文纵然千言万语，但只要看一眼插图，文字就显得多余。 这样的书在世界上还有很多吧，我感到了浓浓的倦意。 真正想要捕捉之物竟遍寻不见，究竟在何处呢？ 著者对之无从回答。 是无法回答吧，因为没有亲眼所见的证据。

三

前两天，受一友人的约请去观看仁清和乾山的展览，这位朋友是个诚实的学者，我们一起去参观。 我并不是冲着仁清和乾山之美去的，那里的展品自始至终都不在我的眼中。 只不过是想再看一次那些有名的器物是如何的无法令人满足。 还有一个原因是我在病愈之后腿脚不方便，所以外出的次数很有限。 再则是因为茶界为何徘徊留恋于那样的作品必须要反思。

我当即书写了邀请函，说：“不日，将在民艺馆展出不是茶器的茶器，都不是有名的名器。”不如此就不能破除陈见吧。其实，我绝非傲慢之人，也不会独断专行。那些知名的“井户”茶器和“肩冲”[1]茶罐，又何尝是专为茶器而做的物品呢？确立那些不太有名的器物成为名器的，是早期的茶人。为什么我们不能也有此不同凡响的作为呢？要是有这样的力量存在，仁清等或许不会声名鹊起，而那些更漂亮的器物也会从隐匿的场所中被找出来。

四

无论是茶人还是学者，为何长着眼睛却不起作用呢？为何不想进一步发展为“看作家”呢？他们基本上为陈见所束缚，因而动弹不得。最制约他们的是“铭文”，如今人们认为铭文中才有“茶”，寄予其无限的信任。然而，就是这样的铭文使他们的眼睛昏暗。更加不可思议的是，他们只看铭文而不见物，或者至少是依据铭文来见物。没有铭文就看不到物，这已经是进入了某种病态。若是具备了对物的鉴赏能力，有无铭文便不是重要的，即使看不到铭文也没有什么不便。铭文让人戴上了一副有色眼镜，以铭文见物者，有时容易出现偏差。赤手空拳接触物品有何不行？早期的茶人不也是如此，他们有可能以铭文来见物吗？那些有名的物品的铭文又在哪里？

德川时代的盘珪[2]禅师是一位绝无仅有的禅僧，不借助经典祖录，只“不生”[3]一语即可应接万机。并且，以公案来激励后学有其方便之处。其时有一僧借此事来诘问禅师：“圆悟、大慧等禅者多以话头来激励后学，为何禅师不曾采用如此手段？”禅师答曰：“比圆悟、大慧更早的禅师，难道也用话头来激励后学吗？”由此而想到，在今天的铭文以前的“茶”之说法，显然是必要的。

五

有一本与茶器有关的书是如此主张的。从高丽的“井户”到大和之“黑茶碗”[4]，茶器的地位一路飙升，茶碗的极致以“黑乐”[5]为标志。前者是没有铭文的器物，后者则是有铭文的茶器，从自然生成到专心制作的进步，从无意识向有意识的推移，从外来器物到大和器物的高扬。见识过这样的历史经过，自然会认定“黑乐”应有的价值。稍一思考，这似乎是连贯的解说，此书的著者是以物来谈历史的。然而，是用眼睛看到的历史吗？这是值得研究的，这些历史只不过是用知识拼贴得合乎逻辑而已。实际上，“乐”的出现是茶碗堕落的先兆，我们的眼睛无法视而不见。

茶人们否定了只有完全的器物才能看到深奥之美，并因此而赞美那些未完成的器物之自由。初期的茶人们之创见是毋庸置疑的，但给我们的教训是，后代的茶人由此以不完整作为美之条件来考虑。进而，做出的是下意识的、不完整的作品，这是任何人都能理解的心理经过吧。抹茶碗以手工制作的为好，扭曲的形态，歪斜的制作，再加上坑坑洼洼与瑕疵，如此被认作风雅的保障，“乐”就是这样理念的表现。诚然，茶器300年的鉴赏始终保持在这一范围内。就连光悦也不能够超越这一范围。

然而，仅止于意识的器物，能够接触到无上之美吗？千年前的禅僧们已经将这个问题说透彻了，“但莫造作”[6]是临济所云。“造作”的“乐”能够得到怎样深奥的美呢？ 那些歪斜和张扬，越看越令人厌烦。 哪里有清寂？ 涩味又在哪里？ 某位茶人在鉴赏时说：“茶碗即高丽。”意即茶碗只限于是朝鲜的物品，我对这位鉴赏家的眼光毫不存疑。 抹茶碗的混乱始于和物的黑茶碗，有铭文的器物至今也不能胜过没有铭文的物品，“井户”依然是茶碗中的王者。 如果说，在褒奖“井户”的同时也要褒奖“乐”，那就是既看不到“井户”，也看不见“乐”的证据。

六

为何“井户”是真正的器物？ 答案是：其原本就是正宗的陶瓷。因此，作为茶碗也可以说是正统的器物。 而黑茶碗那样的只不过是旁系的器物，是强烈追求异趣的物品，也可以看作一种游戏之作。“井户”不是由追求异趣而生的，它是生活中的器物。 如此明显之区别，茶人们如何能忘。

这里的正统所指为何物？ 答案就是寻常的物品，或者说是质朴而让人动心的物品，又或者说是安宁的物品似乎更合适。 稍作思考便会想到，那样平凡的性质是如何形成的，也许才是人们所反复追问的问题。 事实是，只有在寻常的环境中，才会造就更好的物品吗？ 这也是禅僧反复强调的“平常心”的深奥之处吧。 诚然，这里大概是教诲之最高境界吧。“井户”的美是寻常之美，无事之美。 这也正是其拥有如此无法超越之美的理由。 做作的“乐”所追求的是另类和非凡，那样的茶具不是用来饮茶的。后世的茶人乐于用此并沉溺于斯，是难以拯救“茶”的。“井户”的优良品格源于其曾经是平易的饭茶碗，在这样的品格面前，“乐”难道不感到羞耻吗？当乐于用“乐”时，是谈不上“茶禅一味”[7]的。做作而又另类的“乐”已经远离禅意了。即便是一顿呵斥，也没有答对。其实，“乐”的弱点可以归结到不是正统的陶瓷上来。远离安宁之美，何以称其为茶器？“茶”从利休[8]开始一直走下坡路，即便是远州[9]所犯的过错也不少。有任何有铭文的茶器，能够超越“井户”之美吗？

七

然而，周围并非没有空前绝后的物品，只是没有出现能够发现这样器物的人。正统的器物其实有许多，不过没有人能够自由地从中看到名器。只有放弃铭款、任由他力摆布的器物，才能使我们的眼球忙碌起来。只有有了具备如此眼力的人，才能发现与“井户”比肩的器物，如此应当没有困难吧。实际上，有许多的器物还在等待着进入我们的视野与我们再会。

绝不可轻易忽视的是饭碗、汤碗、酒碗、荞麦粉碗、馄饨钵等大量存在的器物，是腌鳕肠壶、酱壶、药壶等无名而又便宜的器物中的常见之物，是盐壶、调味壶、砂糖壶等生活必需之物。茶碗、茶水注、茶罐等未来的名器，它们就藏在这些不起眼之处。只有无款用具的领域，才是茶器的宝库。也只有在那里，才能寄予厚望。初期的茶人们是自由地从那些无名之物中拾到名器的，这样的案例给我们以启发：只有无名的杂器，才有成为名器的可能。 能够有如此见地的人，才是当之无愧的创作家。 可以说，茶人原本就应该是这样的作家。

八

茶器的堕落是从出现铭款开始的。 为何说是由此而开始？ 毕竟，意识之道是何等的坎坷难行。 多数人为作为之业所困，由于缺乏自力而立的缘故，最终能够走出来的是极少数。 所谓自立者难以突破自己，有款作品的命运是严酷的，小我会妨碍救济之路。 总之，其难以匹敌无铭款之物的，正是留下铭款本身。

长次郎出道以来的 300 年中，众多的名字被写进了“乐”的历史，不幸的是基本上他们都被作为之道所困，没有人能够进入脱离了做作之道的无事境地。 必须注意到：有铭款的历史是罪恶的历史，这样的事实是不能隐藏的。

然而，人们必须要把意识之道难行之事说清楚，必须要走出于意识而超越意识的道路，如果可行，便可走出一条新路。 有款的作品也并非无法出彩。 “井户”是借助他力完成的作品，有救赎之力是理所当然的。 然而，要是坚持自力的道路，也许能够到达见性的禅域吧。 必须有谁来走上自力之道，并将其引入美之世界，这并非是不可能的。

九

意识，首先必须自觉认识到意识之罪。 这样的自觉可令作家不只陷于“乐”的境地。这是睿智而聪明的，那样的造作始于对造作的一次否定。所以呈现的就不只是造作。个人的茶器必须由此开始。

道难行，是因为依赖于自力。然而，一旦做到极致就会进入无碍的天地吧，禅僧以其自身的经历演示了这样的秘义。彰显个性的作家，便是美之国度的禅僧。道路险峻毋庸多言，但也肯定有人能够超越。那时，自力与他力二元归一，就连道之异也显示出一如的世界。所以，茶器中必有并非“井户”之“井户”出现。

幸好，如今已有一些从意识之路上起步的人，在茶器的历史上翻开了新的篇章。如今，我在浜田庄司[10]的作品面前，可以乐观地做出如此之判断。这是对“乐”的巨大抗议，是对长期以来茶器谬误的纠正。通过自力之道，努力地去彰显茶器的正统姿态。所看到的众多浜田庄司的美之作品，是作为茶器而制作的真正的茶器。可以说，这样的历史是由浜田庄司所开创的。人们所说的历史是赞美众多名匠的历史，我们不必停留在那些名头上。浜田的作品是已经崭露头角的器物，我们现在可以说他的作品能够与大和物品不相上下。茶人们还没有对他的作品给予充分的肯定，历史学家对他的地位也还没有明确，大概是为过去的观点所囿。他没有将茶器束缚在某几种造型上，但“茶”必然要进化，而与之相适应的茶器也是如此，这大概就是浜田庄司给出的答案吧。可他的答案想被世人所公认，可能还要等待半个世纪。真理是明了的，也许大多数人能直率地承认这个事实吧。期望浜田庄司之后还有新的创作者出现，能够继续这样的新茶器历史，对于茶器的历史而言，如今已经进入了一个趣味最深奥的时代。

若是观者、作者与用者合力来恢复“茶”之正宗，也许会有比利休、远州的时代更加辉煌的业绩得以显示。我对此坚信不疑。

译注

[1] 肩冲，日本茶道的用品。①茶壶的形状之一。肩膀部分凸出的器物。如肩冲茶壶。②茶釜的形状之一。肩膀凸出的器物。有很多伸出的上部是平的。如肩冲釜。

[2] 盘珪（1622—1693），活动于江户中期的临济宗僧人。16岁出家到长崎寻师访友，后开悟得道。在备中创建龙门寺，其僧俗弟子达5万人之众。谥号佛智弘济禅师。

[3] 不生，源自《心经》的“不生不灭”一语。但盘珪禅师只用“不生”，意即“不生”，便无“不灭”。他认为“佛心是不生而且灵明的。因为不生所以万事调和具足”。

[4] 黑茶碗，即“黑乐茶碗”，为“乐”茶碗的一种。相传最早的黑乐茶碗为天正九年（1581）至天正十四年（1586）时长次郎在千利休的指导下开始烧造的黑乐茶碗。初期在制作时，在素烧后的胎体上施以从加茂川黑石中提炼出来的铁釉使之阴干，干后再上釉，反复多次，经1000℃左右烧成。在焙烧时釉药开始熔化，此时从窑内取出冷却，即开始冷却、变黑。其做法与美浓烧手法相同。历史上被指定为重要文化遗产的黑乐茶碗有2

只：一只叫时雨，指定编号为 2640，指定日期为平成十九年（2007）6 月 8 日；另一只叫俊宽，指定编号为 2565，指定日期为平成八年（1996）6 月 27 日。

[5] 黑乐，乐烧的一种，施以黑色不透明黑釉的乐烧。黑乐要求烧成温度比赤乐高，比普通的锦窑更小型、构造不同的窑，安装梯子取炭火烧造。然后烧好后马上泡在热水里，发出黑乐的软软的感觉。据说乐家将贺茂川上游的真黑石作为釉药使用。

[6] [唐] 慧然集《镇州临济慧照禅师语录》，[日] 大正一切经刊行会编《大正新修大藏经》卷 47，台北：新文丰出版有限公司印行，1983 年，第 497 页。

[7] 茶禅一味，为宋代高僧圆悟克勤亲笔书写的禅语，后刻成石碑立于湖南省常德县夹山寺内。手书原件由日本留学生辗转传至日本高僧一休宗纯手中，成为日本茶道界的至尊珍宝。

[8] 利休，即千利休（1522—1591），原名与四郎，法名宗易，号抛筌斋。安土陶山时期的茶人，生于堺地方，曾随北向道陈、武野绍鸥学习茶道，为千家流茶道之祖。曾供职于织田信长、丰臣秀吉府内，因触怒丰臣秀吉而自杀。其茶道风格的基调为“茶禅一味”，将真、行、草茶道融为一体，创造出多种茶道的案例，并首次创造了将乐茶碗用作茶器的意匠。死后被崇为“茶圣”。

[9] 远州，即小堀远州（1579—1647），日本江户初期的武家、茶人。原名作介，后改为政一，法名宗甫，号孤篷庵。最初服务于丰臣秀吉，后服务于德川家康。30 岁时被任命为远江守，远州的名字由此而来。35 岁时成为朝廷的做事奉行后，致力于江户、骏府、名古屋、伏见、大阪、二条等诸

城、禁里、仙洞各御所、金地院、东海寺的各庭园等与幕府、朝廷有关系的各种建筑、庭园、茶室等的营造事业，45 岁时被任命为京都伏见奉行，直到 68 岁去世。关于茶道，年轻的时候，曾随古田织部学习茶道，为德川家光的茶道师范。其茶风漂亮，多取均衡之美，显现出皇家风范和禅宗文化的影响。以独特的审美意识完成了书院茶道等茶道的和风化，成了远州流茶道的始祖。曾以新的审美眼光选择茶道器具，这些器具被叫作"远州好"。著有《书舍文》等书。

[10] 滨田庄司（1894—1978），日本人间国宝、陶艺家。出生于神奈川县橘树郡高津村（今川崎市）沟口。本名象二。东京府立一中（今东京都立日比谷高等学校）毕业。大正二年（1913），考入东京高等工业学校（今东京工业大学）窑业科，师从板谷波山，学习窑业的基础科学。大正五年（1916）从该校毕业后，和先毕业的前辈河井宽次郎一起在京都市立陶艺试验场研究釉药。此外，与柳宗悦、富本宪吉、伯纳德·利奇也产生了友谊。大正九年（1920），与回到英国的利奇同行，共同在康沃尔州圣艾弗斯建造窑。大正十二年（1923），在伦敦举办了个展，获得成功。大正十三年（1924）回国，在冲绳的壶屋窑学习了一段时间。昭和五年（1930）开始在一直以来都很关心的益子烧产地枥木县益子町开始制作陶艺。基本上只用手工辘轳的简单造型，以及用流釉描制成的大胆图案，得到好评。昭和三十年（1955）2 月 15 日被认定为第一届重要无形文化遗产保持者（工艺技术部门陶艺民间陶器）。此外，于昭和三十九年（1964）获得紫绶奖章，昭和四十三年（1968）获得文化勋章。在柳宗悦的影响下热心于民间艺术运动，昭和三十六年（1961），柳宗悦死后就任日本民艺馆的第二任馆长。在 1970 年大阪世博会的日本民艺

馆展馆担任名誉馆长，1972 年就任大阪日本民艺馆的第一任馆长。 昭和五十二年（1977），在益子参考馆举办了他收藏的日本国内外民艺品的展览。 昭和五十三年（1978）在益子去世，享年 83 岁。 墓地位于川崎市的宗隆寺。 著有《世界的民艺》《无穷尽藏》《交给窑炉》等。

光悦论

一

本阿弥[1]的家族职业是刀剑鉴定。所谓“本阿弥三事”，第一是相刀，即鉴定；第二是磨砺；第三是净拭保养。相传光悦对此三项都很精通，最拿手也是最难的，是净拭保养。《行状记》[2]中有“七八岁时……就发奋研学家族职业”的记述，可见其自幼就受到这些职业的影响。由于历代从事同样的职业，深得各种家传秘技的精髓，因而技高一筹而声名远扬。他有《本阿弥鉴定帖》三册传世，可他的鉴定和他的净拭保养之水平究竟如何，终因年代久远而难闻其详。

然而，这个家业引发了他对各种各样工艺的兴趣这一点是可想而知的吧。刀剑是纯粹的工艺品，在当时是集成了多种工艺技术的产品。不仅仅是刀剑的锻造工艺，还涉及木工、漆工、金工、皮革工、编织工，以及象牙工艺、螺钿工艺等，是多种工艺技术的综合。光悦晚年涉及多种工艺技术的工作，我想是以此为基础而发展起来的。他所拥有的鉴定技能，使他在对于器物的良莠、美丑、真伪的认识上显现出睿智的素养。或许这就是他对器物予以强烈关注的原因吧，进而促进了他对自然、对人生的观察。光悦拥有比任何人都敏锐的眼睛。

拥有如此眼光的光悦，在他的职业生涯中留下了怎样的踪迹，是个很好的题目，这些故事也是值得吟诵的。

二

在他掌握的多种技能中，我认为漆艺是第一。“光悦莳绘[3]”有着独特的风韵，因而为人所瞩目，把他看作中兴之祖绝不过分。他的作品不只用笔来描绘，还将许多锡、铅和青贝嵌入其上，表现出一种凝练而奔放的趣向。画面上或是图案或是文字的安排都非常大胆，其技术之娴熟超过了当时的所有人。

他的代表作《舟桥的砚筥》[收藏在帝室博物馆（今东京国立博物馆），任何人都能够方便地看到]，因为广受称赞而使其偶露峥嵘。其手法以及图案的取舍非常大胆，而其造型则不同寻常，特别是其盖隆起的形态岂是寻常者能够做得。深思熟虑的造型从内到外都呈现出一种张力，在其侧面看时，则基本上接近半圆形。

如此作品作为光悦的漆器，所显示的恐怕是最高规格。不过我们通过这件作品，能够给予他最高的赞美吗？原本他在着手制作此器时，也许就已经注入了丰厚的美的意识吧，对纹样和造型的理解令人叹服。可在制作时他能够越过这样的意识而自得吗？虽然我们在此能够看到意识的充分作用，可他能够有意识地越过意识而安静地面对作品吗？

我们来看那个像桥梁似的宽幅盖面，看到的是一个张开的接近半球状的盖面，其意图暴露无遗。在此，这样的宽度显示了他不寻常的功力。但是，这样是必须的吗？这种美已不再是寻常的东西，已经有点厌弃平易了。禅家说“至道无难”，他已经达到这样的境界了吗？他若是能更进一步，也许会制作出更安静的作品吧。他也许会用不那么宽的幅度与略微的隆起来包裹住圆形。若不能动中取静，那么突出动感是很困难的。这个筥有着打动人心的魅力，但有足够的深度使任何人的心灵都安静下来吗？奔放的美自然是美的一种，但这能成就玄之美吗？如此基于意识之作，则是好个公安。

三

这个时代是“茶”的时代，先是有利休，继之有宗旦[4]、织部[5]、远州，还有长次郎、道入等，都在那个时期出现。光悦也是不同寻常的茶人。一本叫《繁华草》[6]的书中说：“非常喜欢光悦茶道，即便是在不太大的家中，也会亲力亲为，这也是生活的乐趣吧。”他用眼睛与心去热爱那些器物，在他那与美交互的茶境中究竟有什么呢？所幸有几个他亲手所作的茶碗存世，诉说着他的种种故事。

多才多艺的他又将他的才能扩展到陶器。能够明确被认定是其作品的并不多：或说有光悦五种，或叫作七种以及十作，其中知名的有“不二”“加贺”“障子”“毘沙门堂”“雪片”“铁壁”“太郎坊”等。如今，其中的任何一件都价值万金。还有许多谎称是他制作的器物，可见其知名度之高。他与乐常庆[7]及其子道入往来密切，共同开创了的乐烧之道。如果说和式的茶碗中“乐”是上等的，那么光悦可以说是其中的极致，他可以将土调配成红或黑，还可以调配成白色的。

他的作品一看就是充满了情趣的器物。再观其形态，毫不畏惧地让腰和底呈现出圆满的张力，有时在面上大胆以截面示人，其间嵌入了一条深入的篦纹。看其底座，将大的轮盘像纸捻一样毫无做作地安装在上面。表面时而粗糙，时而有波纹，包裹着各种色彩的釉面。如此独一无二，不能重复制作。将意图贯彻至此是其工作，可以说是非同寻常的器物吧。嗜好“茶”者难以忘怀这样的趣向。

可是，当我再度审视其作品时，无论哪一件都是合乎“茶”的，景色全都是热闹的，呈现的涩味都是做作的涩味，对茶的趣味暴露无遗。哪一件作品都包藏不住这样的作为。无论是于“茶”而言还是于“美”而言，这些作品都能说会道得很。就算能举出其作中的精华，是否也能原谅止步于此的他呢？禅宗的宗旨是“平常心”吧，为什么不可能内心平和、安静地制作呢？执迷于追求涩味就会在华丽花哨中沉沦。古人说过：“遣有没有，从空背空。”[8]他亦未能从此业中脱出来。

好“茶”者尤其容易沉溺于“茶”，在好“茶”的同时若能够超越“茶”，才能得到真正的“茶”。为了“茶”而制作的茶碗有几个能不华丽花哨？我在光悦的陶瓷上不能看到最出彩的他，沉溺于趣味的器物是不可取的。伶俐的作者往往会自省吧，他自己曾经说过：“予不以陶瓷为家业，只是看了鹰之峰的好土不忍辜负，偶尔才做一些，并无在陶器一项上成名之意。”

一般认为，就连陶器他也留下了如此佳作，其多方面的技能值得赞赏。但是，多才多艺意味着能够都精通吗？他的一个个的作品都是以技艺取胜吗？ 光悦的作品没有比肩者，但所有的都已经达到了专门家的水准吗？ 假如没有达到，还能被评价为正确的工作吗？ 由于他不是工人，对其自由创作的批评是正确的，若是赞美就不合适。 艺道，必须是身体力行的艺道。 光悦不是以陶器养家糊口的人，若是一门心思专注于技艺，他的作品应该会更为精进。 他的作品让人看一眼就无法忘记，也不能忽视作为工人不成熟的他。

他的陶器源于雅趣，亦止于雅趣。 然而，他推崇的高丽茶碗却是杂物，是真正的陶瓷，是家业的工作，是涩味之作。 能有比之更具涩味的器物吗？ 观者往往会忽视这一点。

有意识者，无论怎样能够跨越意识吗？ 对于这个问题，光悦无法用他的茶碗进行解释。

四

相传，“有一次近卫三藐院[9]问光悦：当今天下的书法能手有何人？ 光悦答曰：有第一，其次是先生，第三是八幡宫[10]的僧侣（指松花堂）。 问：藤公[11]后的第一人是谁？ 答曰：大概是我吧。”此时，才有“天下三笔”之名。 光悦对其书法的自信由此可见。

光悦派[12]、近卫派[13]、泷本派[14]等，他们都出现在同一个时代。 那是书法最为繁荣兴旺的时期，具有多方面才艺的他成为某一派的始祖是必然的。 他的书法受空海[15]、贯之[16]和道风[17]的影响，他的传人有乌丸光广[18]、角仓素庵[19]、小岛宗真[20]等。

其作品和汉两体交相辉映，自成一体而自由奔放。 如今，他所书写的只剩下几本经卷。进一步显示其风格的，是在描有纹样的纸上大胆书写的和歌文字，总是无所畏惧地放笔直书。他真是“三笔”中的一人。

可是，其书法真的能为光悦增光吗？我稍稍地表示怀疑。即使说他能够好好地运用和体书法，也有比他更优秀的书法吧。被他评为第二的三藐院的书法，也比他的要好。光悦最好的书法作品，是他不经意间书写的信函吧。在这里能与最为直接的他相逢，与他的其他作品相比，这样的书写更值得夸赞。可以说，他是一个优秀的书手。然而，书手未必就是书家。他喜欢用纹样纸来记录和歌，可是我个人认为在美丽的纹样之上是不适宜有文字的。我不认为，以绘图为底并在上面书写文字就是错误的，然而他让绘画成为纹样，而文字就显得生硬。在这样的场合，如果文字不能显得比纹样高贵，那么这样的文字就不是美的文字。

他留下来的也有匾额文字，与那些生硬的文字相比，匾额文字是很美的。在此有两种因素救助了他：一是雕刻师使文字离开了他，他的生硬的笔锋在此被沉淀了下来；二是时间使文字柔和了起来，此时他的文字更接近纹样。在此，救助他的不是他本人，而是远离他的力量。匾额是他力的赐物，器物之美使人不能忘记他力的意义。

五

庆长（1596—1615）年间，光悦受其友人角仓素庵意志的影响，制作了几种样式的活字版。如今，这些版本或是叫光悦本，或是叫嵯峨本，或是叫角仓版。喜欢读书者，对这些样式的版本之刊行是不能忘记的。若是编撰与古代的和书有关的著述，其中必有一章要谈到这些样式的版本。

如果要追根溯源，平安朝时期[21]的纸料装潢则是其源泉，那些插图多为奈良绘本[22]的样式。然而，当时兴盛的夹杂着平假名的活字本，的确是经由光悦之手改进后有了一个飞跃。之后的各种版式，都与此光悦本有着深厚的渊源。今天，作为光悦本或嵯峨本留存下来的书籍，有谣曲[23]书、舞蹈书、方丈记[24]、百人一首[25]、伊势物语[26]、源氏物语[27]、徒然草[28]以及其他十余种。

这些果真是出自他手的样式吗？详情不得而知。但装本是根据他的设计来制作的这一点毋庸置疑。其显著的特色是纸质材料与活字。如今，还留存着印有“纸师宗二”[29]字样的纸，被认为是在光悦晚年住地附近生产的。在鹰峰[30]的古地图上，标注有“口十五间　宗仁”的字样。这里的许多品种是根据光悦的喜好抄造出来的吧，多数都是质地甚佳的雁皮纸[31]。他还让人将胡粉加入其中，还要描绘很多很多的花样，印刷在云母上。不仅如此，他还染成黄、红、青等各种各样的色纸，喜欢交替使用颜色。所以成书精美非常，文字为绘画与各色颜料所衬托。多数为贴装，有时还以折页线装来制本。

接下来他所梦寐以求的是新的文字样式。他的活字已经不仅仅是中国的字体了，没有继承宋明的风格，所选用的实际上是他自己的字体。当时，他是“三笔”中的第一人，这也是众望所归吧。他将他的书体风格刻在版上，还忠实地保留了原有的笔意，众多模仿他的弟子们也将字体书写在版上，形成了一种不同于楷书的与假名混合使用的行书体。在使用这些书体的版本中，博得大名的是嵯峨本。由于素庵是负责发行者，这些印书又叫角仓版。回顾一下他的这些策划上的成绩，在提高书籍的意义上是应该大书一笔的。他将对美的世界之爱惠及书籍，他的深深的用意在精美的装帧本上特别引人注目。在和书的历史上是难以忘怀的事迹。

然而，面对着几册现存的光悦本，我自问如果是我，会让自己尝试一下同样的事吗？我无法忽视他的策划中的种种不正确之处。他的云母纹样是很美的，是没有他就不会产生的纹样。可是，这样的纸作为书籍用纸是否合适？是比空白底的纸更进一步的产品吗？对于书来讲，比起观赏性，可读性才是最重要的，其主客不能颠倒。有比主妇穿得漂亮的用人吗？本来用于观赏的书就不可能比用于阅读的书更美，美必须来自读本，比其更美的书现在应该没有出现。

光悦喜欢将三五种颜色的色纸混合使用。颜色没有绝对的好坏，然而这样的功夫会让书籍成为正宗吗？说到底只不过是玩弄趣味，因而失去了优雅的嗜好。书籍在为观赏而服务是错误的，就算看上去很美，书籍也还没有步入用途的正道，工艺之道不仅是趣味而已。

我再转过眼睛去看活字。这是他亲笔书写书体的直接翻版，在模仿、临摹上进行学习。但是亲笔书写的风格在版式上很适合吗？版式是公共的，应该带有相同的性质。超越个人的风格是必然要求，必须是提高至标准化的形式。汉的隶书、六朝的碑文、宋明的书籍，作为一个人的字，并未显示个人的风格。对于西洋也是同样的吧，从中世纪的彩饰本开始，15 世纪后的活字本基本上都会追求形式，活字不应该残留自我。作为公物的书籍如果回到个人书体的风格也许是错误的吧。他忘了版式的法则，种种的嵯峨本[32]，将光悦的书体直接刊登出来，这些没有修整的文字是丑陋的。所以，这再美也不符合出版的资格。光悦的书法也许是美术家的书法，但是，他不可能成为工艺家。要书籍之美而不守工艺的常规是不可能的。

因此，自古以来印刷的和书中，没有比谣曲本更展示了贫弱的书体之版式，这难道不是受光悦本的影响吗？

六

其遗作的数目不多，仅仅饰有绘画的物品更是少得可怜。而且缺少大的作品，作为画家的他并未能够充分发挥其能量。然而，我想光悦之所以能够成为作为画家的光悦，是因为在其多方面的艺能中，绘画是最能显示自由的他的，因而他可以说是一个美术家。还有什么比美术家更自由？他作为工艺家是不充分的，在漆器和陶器方面，他都有很好的创意，但却没有付诸实施。对于完全的工艺品，在技能、心性等方面的准备还不够。但对于绘画来讲，他是非常优秀的。绘画之道是成为美术家的直接之道，这样的关系被之后的乾山反复证明。作为陶工的乾山尚未完成，但作为画家的他基本上与宗达[33]比肩。

光悦曾受到土佐派[34]的影响，若是追根寻源的话，平家纳经[35]、扇面古写经[36]、桧扇[37]都是他的美之源泉。他的画风并非突如其来，关于他对大和风的绘画之精，并能够突出其美的事是不可否定的。他能够画出与汉画那样尖锐的画风截然不同的丰满而柔软的有张力的绘画，他的描绘是极为自由的。他所喜欢的题材是花、草和树木，假如丢失了对自然的美妙之眼和情，还怎么能够这么温暖地去描绘呢？ 他只是以他的画就能够充分说明他的品性了。

与许多美的作品同样，他的绘画极富装饰性。 与其说是画，不如说是纹样。 这样就意味着他的绘画是工艺性的，与他的工艺品的美术性形成了意味深长的对比。 与工艺品相比，他对于他的绘画的态度更像工艺家。 这难道不是卓越的纹样绘画吗？

可惜，他的作品极少，而较多的则是记述和歌的料纸，他绝不是作为画家而立身的人。 即便如此，他仍作为一种画风的宗师而被仰望，光悦派的流传就是从他开始的（如果错误地读成光琳派，那就是冒渎）。 但他的流派从他开始却没有由他发扬光大，他的流派中最意味深长的不如说是宗达，他是一个完全的画人，是一个将全部身心奉献给绘画的人。 我个人将作为画人的宗达看作日本最伟大的画家之一。 这个优秀的宗达将光悦的画风发挥到顶点，延续着师祖宗达之名的是画人乾山，他在这个世界留下了真正美的作物。

（出于种种原因，光悦派中总是加上光琳和抱一，从画风来看是正确的。 但光琳只不过是过于注重形式的人而已，他与宗达不是一个段位的，作为批评家是不能忽略这一点的。 抱一掌握的甚至是弱不禁风的末期技艺，谈论他的必要是不存在的。）

七

元和元年（1615）光悦 58 岁时，得到了家康[38]赐予的鹰峰之地。由京都向北二十丁、在离大德寺很近的去丹波的路上，《行状记》记录

“拜领之地在鹰峰之麓，东西二百间余、南北七町之原也”。东面是玄泽，西面是纸屋川，南面是土手，北面则在爱宕山下。原来是郊外的人迹罕至的荒地，以光悦为中心的众人在此聚居。今天有幸能够依据光悦家的近亲片冈家传承的古地图，详细地缅怀往日景象。在古老的称呼中，就叫光悦町。

光悦他自己，他的一门眷族以及很多工人朋友一并在此构建房屋。笃信佛教的他设置了碑堂的寺域，确定了晚年于是庵结庐而号大虚庵。对我们来说，这个街区可能会引起我们注意的是，出现了以他为中心的艺苑村。他的多方面的才能显露出来的时候来了，当然是该来的时候来了。什么样的工人是他的街区的住户呢？很多都是有名字记载的，但各人在从事怎样的工作并不详细，只有造纸师宗二与笔屋的妙喜是已经知道的。漆师、铸造师、陶艺师、旋工师等各自给予一户了吧，这便产生了以光悦为中心的行会。此前在这个世界上接受如此的境遇的例子是极少的吧。特别是对于多方面的工艺工作来说，这是最好的生活，遗憾的是我们通过物对于这段时间的工作痕迹进行详细整理亦是不可能的。

直到80岁逝世，他居于此地共有22年。他如果没有德望和睿智，又怎样能够让这里的人和平地相处，并经营好这样的一个街区呢？我想这是历史上少有的事情。他的存在得到了人们的敬意。在人影稀疏的鹰峰，如今访问者多了起来。硕学林罗山[39]的《鹰峰记》、灰屋绍益[40]的《繁华草》叙述了当时光悦先生的生活。在当时也有几名著名的艺苑之士，但他们的生活以及德望恐怕都不能与光悦先生比肩。这就是鹰峰土地所给予的吧。如果不是他，就不会被接受。当时，对“茶”的美好进行谈论者并不少，然而有像他一般的深度与广度的人果真还有吗？作为人类的光悦比冠以任何成就的光悦更加辉煌，他是茶人，是比茶人更加先进的人。

虽然声望日渐高涨，他的生活仍是朴素的。《行状记》记述“光悦一生有很多奇特的亮点，80岁时达到学习的高潮，比20岁时更加努力，小厮一人烧煮一人生活也。因此，一生均未陷入其中云云”。如《繁华草》所述，他的金钱到手几乎就没有了。“光悦度过一生甚至不知道世事如何”“以淡泊的姿态持身……对粗鄙的住宅也很喜欢”。他的贵重之物基本上都赠予了挚友，他自己说“玩赏粗物才踏实”，他只是喜欢朴素的“茶”。晚年所结之庵叫太虚庵，住在太虚那样的环境中才是他的念愿。如果没有他的谦让的生活，鹰峰也许不会繁荣起来吧。光悦有正确生活的全部基础。

他的逝世是在宽永十四年（1637）2月3日，孙子光甫继承了祖父的血脉。其曾孙光传时鹰峰早已无力维持，后又还给幕府。如此离光悦逝世才42年，光悦町的历史于此完结。为什么是如此之短的故事？是因为光悦一个人辉煌的结束，因为街区的一门所有都被限定，因为没有能够复苏遗业的人物，因为在个人工作就会终止，而组织会转移到其他方面。失去光悦的光悦町的历史落幕，如今只剩下光悦墓，已经没有工艺的协会。仰慕他而去光悦寺拜谒的崇拜者至今络绎不绝，他们止于追忆过去却不复活其精神。然而，这并非祈求他的冥福的正道。谁会继承他的衣钵？为了完成他未尽的工作者必然会出现。

《工艺》第六十七号（昭和十一年，1936年）

译注

[1] 本阿弥家族，是日本历史上以刀剑的鉴定、研磨、净拭保养为业的家族，始于室町时期。原本姓菅原，家纹为梅花。是足利将军的幕僚之一，负责刀剑的鉴定和保养的工作。其时，因幕僚集体修行研习“妙本阿弥佛”，取其中三字为家族姓氏，一直延续下来。

[2] 《行状记》，即《本阿弥行状记》，为光悦之孙本阿弥光甫（1602—1682）所著。书中所记是本阿弥光悦及其家族的活动与日常生活的片段。

[3] 莳绘，漆工艺技法之一，是日本独有的髹漆技法。制作时，在漆未干时撒上金属粉或色粉，画面多为图案。光悦的莳绘，多以日本传说与和歌为题材，装饰材料多使用贝壳、金银、铅白等材料，有着鲜明的独特风格。

[4] 宗旦，即千宗旦（1578—1658），日本江户初期的茶人，千利休之孙，少庵（千宗淳）的长子，茶道千家第三代，千家流茶道的完成者。字是元，有元叔、元伯的道号，别号咄咄斋、寒云、隐羽等，另有别名“乞食宗旦”，终身不仕官。幼时尊祖父利休之意志进入大德寺，任春天宗园的侍者。早年诗文已为人瞩目，文禄三年（1594）千家家族复兴的同时还俗。与少庵一起回归不审庵，后继承家业。此时长子宗拙、次子宗守已经出生。庆长五年（1600）任家督，从此开始了正式的茶会活动。正保三年（1646）隐居，建造今日庵过着悠悠自适的生活，81岁逝世。4个儿子受到恩惠，分别分家，千家流的茶道广泛深入庶民中间。倡导茶禅一味，侘茶退出，当时盛行的远州、石州、宗和的茶与日常等同。遗传的优质器物较多，特别是乐烧的道入茶碗受到欢迎。著有《宗旦传授》《宗旦示

遗》等。

[5] 织部，即古田织部（1544—1615），名织部正重然，又名重然。织部正为官职名，相当于正六位。日本安土、桃山、江户初期的武将、茶人，织部流茶道之祖，千利休高徒七哲中的一人，山城国西冈城主。生于美浓，通称左助（介），初名景安，后叫重然。自称宗屋、印斋，道号金甫。因为被叙述为织部正，所以被世间称为织部。先是侍奉斋藤氏、信长，后为侍奉秀吉的西冈城主，被赐予35000石。关原战役后从属于家康，大阪之役时被怀疑私通西军之理由命其自杀。曾向利休学习茶道，成为秀吉的御伽众，后成为德川秀忠的茶道师范。后世传说其在茶席、庭园、陶艺等方面表现出才干，曾在美浓窑烧造出喜欢的茶陶织部烧。由织部创意的茶具非常之多，织部的茶与利休的静中求美相对，捕捉动中之美，产生出开放的多彩多姿的创作意图。器物上的黑色、深绿、红色等丰富多彩的色彩感觉、异国风的几何形设计、自由奔放的速写图案、歪斜的形状、一个器物上继承多种黏土技术等，织部的造型艺术，在以前朴素的黄濑户和志野烧的装饰世界基础上取得飞跃发展。在陶器方面，能感受到沓形茶碗等别具一格的强韧造型。喜欢的茶器有沓形茶碗、饿鬼腹茶人、织部形伊贺水指等，还有织部灯笼等。门下有小堀远州、本阿弥光悦、山本道句等人。

[6]《繁华草》即（賑ひ草），作者不详。

[7] 乐常庆，日本民间陶瓷的一种。是京都的长次郎在天正（1573—1592）初期所创始的低温陶。手工捏造成型，低温烧成。因釉料的缘故，有赤乐、黑乐、白乐等。因丰臣秀吉赐封“乐”标志给二代常庆，所以改家号为乐。乐家有正统的本窑和旁系窑，均为聚落烧造。

[8] [隋]僧璨《信心铭》，弘学编《中国佛教高僧名著精选》，成都：巴蜀书社，2006年5月，第759页。

[9] 近卫三藐院，即近卫信尹（1565—1614），日本桃山时代到江户初期的公卿。是与本阿弥光悦、松花堂昭乘并列的“宽永三笔（京都三笔）”之一。父亲叫前久，法号龙山。原用名信基，后又用名信辅，信尹是其使用时间较长的名字。三藐院为其所喜爱的院号。作为摄关家的长子，21岁时已经担任左大臣，文禄三年（1594）30岁时，放外任至萨摩。因丰臣秀吉出兵朝鲜而从军，留在肥前名古屋的大本营。不久，与关白、族中长者筹建三宫。其传世文书等较多，强大的运笔的笔线，显现出勇敢、豪爽的品格。院号以其书法的风格命名，或者被叫作三藐院流、近卫流，追随者辈出。有日记《三藐院记》传世。

[10] 八幡宫，日本供奉八幡神的神社之总称。

[11] 藤公，日本江户初期的书法家。生卒年月不详。

[12] 光悦派，日本书法流派之一。由本阿弥光悦所创立，字体富有装饰性是其特征。

[13] 近卫派，日本书法流派之一。奉近卫信尹为始祖，以定家风格的书体书写谣曲等。

[14] 泷本派，又叫松花堂派、式部卿派，日本书法流派之一。以松花堂昭乘为始祖，以流利地书写假名为特征。

[15] 空海（774—835），日本平安初期的僧人，日本真言宗的开山始祖。弘法大师。日本赞岐人。804年入唐，在长安的青龙寺随惠果学习。806年回国，在高野山金刚峰寺挂单。嵯峨天皇赐名东寺（教王护国寺），第二年担任大和尚。创办日本最早的平民学校“综艺种智院”。为书法

的三笔之一，有《风之信》等作品传世。同时，诗文也很出色。后世作为一个平民信仰的对象受到了尊崇。著有《三教指归》《十住心论》《弁显密二教论》《文镜秘府论》等。

[16] 贯之，即纪贯之（866—945），日本平安前期的歌人、歌学者，三十六歌仙之一。曾任御书处、土佐守、木工等职。其歌为当时第一人，歌风理智。《古今和歌集》的作者之一。《假名序》为其著名的歌论。传世有《土左日记》《新撰和歌集》《贯之集》等。

[17] 道风，即小野道风（894—967），日本平安中期的代表性书家。也被称为"春风"。小野葛弦之子。既是汉学家，又作为能书而闻名的小野篁之孙。日本书法发展的奠基者之一，道风之书被称为"野迹"，与藤原佐理的"佐迹"、藤原行成的"权迹"并称为"三迹"。其书法风格以"道风大人"之名风靡一时。官职经由少内记、右卫门佐、木工头等达到正四位下、内置头，尤其是能乐的名声很高，作为宫廷的书写人在醍醐、朱雀、村上的各个朝廷中任职。其中，被选为天皇即位后最先举行的新尝祭（在宫中天皇将当年的新谷供奉给天地的神明，自己也吃的仪式）大尝会中使用的悠纪主基屏风的彩色纸型的笔者，被认为是一代能乐的荣誉。道风在朱雀、村上两位天皇的大尝会上被赋予了活跃的场所，除此之外还有很多能书活动的记录流传至今。现存的遗物中，有《智证大师谥号敕书》《屏风土代》《玉泉帖》《三体白氏诗卷》《绢地切》等。这些字在楷书、行书、草书等各种字体上都很巧妙，有力地展开了博大精深、丰润的书风，从中可以窥见道风自己开拓的独特性。在道风书的基础上，有中国东晋时代的能乐中被称为书圣的王羲之书法，甚至在道风在世期间被传为"羲之再生"。另外，对佐理和行成也产生

了不少影响，在日本书法史上，作为和式的开山鼻祖被置于重要地位。

[18] 乌丸光广（1579—1638），日本江户时代初期的公卿。官至正二位权大纳言。师从细川幽斋学习古今和歌，有《黄叶和歌集》传世。其书法与“宽永三笔”并称，至今仍有很多遗墨流传。最初随公卿师生学习传统的持明院流派的书法，后又学习光悦、定案流派的书法，形成独特的光广派，以其不争的豪爽奔放的风格闻名于世。另外，光广在当时的古笔鉴定方面也是一流的，有许多鉴赏用语流传。

[19] 角仓素庵（1571—1632），日本近代初期京都的豪商、文化人。通称“与一”（在京都二条角仓本家代代称“与一”）。讳玄之后贞顺，字子元。天正十六年（1588）接受藤原惺窝面试，受到惺窝学识的感化，成为拥有广泛儒学的学者，也知道林罗山，惺窝曾引进罗山，在日本儒学史上发挥了重要作用。在惺窝的信任下，他被嘱咐致力于《文章达德录》百余卷和纲领的删减，这成了他一生的工作之一。此时他与本阿弥光悦也有深交，从光悦学习书法，之后与光悦一起成为“宽永三笔”之一。在光悦等人的帮助下，利用角仓的富裕环境，于庆长四年（1599）开始出版《史记》，之后又出版了许多古典作品，被称为嵯峨本的典雅刻本亦由素庵出版。这个出版持续到庆长十五年（1610）左右，成就了后世的伟绩。另一方面，在此期间，素庵于庆长八年（1603）开始协助父亲以安南国东京（印度支那半岛）的朱印船贸易，亲自作为安南国贸易使进行负责活动，继承了朱印船贸易。另外，他还作为父亲的好辅佐，专心致力于父亲的事业，比如进行大堰川的开凿，富士川的疏通，天龙川、鸭川水道、高濑川的运河的疑难工程等。根据幕命，素庵从庆长十一年（1606）到庆长十四年（1609）被任命巡视甲斐（山梨县）、伊豆（静冈县）等矿山，大

坂之阵（1614—1615）在淀川等河川运输方面为军需物资的运输作出了贡献，并获得了功劳。元和元年（1615）被幕府任命为高濑船，淀川过书船支配，又担任山城（京都府）的代官，庆长七年（1602）前后得了不治之症，从公职和家业引退，出于天生的好学心，余生专心学问研究。宽永四年（1627）将财产分给儿子们，自己以数千卷藏书隐居。墓在京都市念佛寺及二尊院。遗作有《期远集》《百家集》等。

[20] 小岛宗真，生卒年不详，日本江户时代的书法家。师从本阿弥光悦学习书法，与角仓素庵一起被称为门下双璧。收藏古笔，相传藏有小野道风笔集残卷《小岛切》，有《小笔手鉴》传世。

[21] 平安朝时期，即平安时代（794—1185），指从日本桓武天皇于延历十三年（794）迁都平安设平安京开始，至文治元年迁都镰仓成立镰仓幕府的期间，历时约400年。

[22] 奈良绘本，主要流行于室町时代后期至江户时代初期，将奈良绘画作为插图的一种绘本，风格多样。以御伽草子为主，用泥金、泥银、朱、绿等极色以工笔手法进行华丽的描写，以容易理解的手法明快地表达爱，封面多为绀蓝、云形等，在平民中非常流行。

[23] 谣曲，指日本能乐的剧本，主要是作为文学作品时的名称。能被作为文学作品后，首次注解的书是《谣抄》（1595）。“谣曲”一词最早被使用是明和九年（1772）出版的《谣曲拾叶抄》，在此之前，被叫作“能本”“谣本”“谣之本文”等。近代以来，随着能乐的兴盛和研究的发展，在大和建树《谣曲通解》（1892）、坪内逍遥《谣曲文是歌也是文》（《能乐》1905年8月号）等文中被广泛使用，现在的《日本古典文学大系》《日本古典文学全集》《谣曲集》亦继续沿用。

[24]《方丈记》，日本镰仓初期的随笔集，鸭长明作，1212 年编成。系学习庆滋保胤的《池亭记》，经整理构成，详细描绘出安元至元历年间（1177—1185）的大火、大风、饥荒、地震等灾异和人事的变迁，给人以人生无常之感，是在日野山方丈的庙中逐渐叙述的。

[25]《百人一首》，日本广为流传的和歌集，汇集了日本 700 年来的 100 首和歌。在江户时代，还被制成了歌牌在民间流传。特别是作为新年的游戏，一直受到大家的欢迎，家喻户晓，代代传诵。对日本民族的生活情趣和审美意识的形成产生了深远的影响。

[26]《伊势物语》，日本最早的古典文学作品之一。是在平安时代初期形成的和歌物语，又被叫作“在五物语”“在五中将物语”“在五中将日记”。全书共 125 段，以假名文和歌组成的章段，描写了主人公从元服到死去的生涯。主人公被叫作“昔男”，书中收录许多由歌人在原业平吟唱的和歌，所以传说主人公有业平的影子。书中的内容以男女恋爱为中心，叙述了当时的亲子爱、主仆爱、友情、社交生活等。书中除主角以外的登场人物中，匿名的“女”或“人”相当多，所以不仅是昔男的故事，还有普通的人际关系的描述。

[27]《源氏物语》，日本古典文学名著，对于日本文学的发展产生过巨大的影响。作品的成书年代一般认为是在 1001 年至 1008 年间，是世界上最早的长篇小说。小说以日本平安王朝全盛时期为背景，通过主人公源氏的生活经历和爱情故事，描写了当时社会的腐败政治和淫乱生活。上层贵族之间的互相倾轧和权力斗争是贯穿全书的一条主线，而源氏的爱情婚姻，则揭示了一夫多妻制下妇女的悲惨命运。全书共 54 回，故事描写了四代天皇，历 70 余年，所涉人物 400 多位。人物以上层贵族为主，也有

中下层贵族、宫女、侍女及平民百姓。该书颇似中国唐代的传奇、宋代的话本，行文典雅，颇具散文的韵味。“源氏”是小说前半部男主人公的姓，“物语”意为“讲述”，是日本古典文学的体裁之一。较为著名的还有《竹取物语》《落洼物语》《平家物语》《伊势物语》等。

[28] 《徒然草》，吉田兼好（1283—1350）法师著，日本中世纪随笔体文学的代表作之一，与清少纳言的《枕草子》和鸭长明的《方丈记》同被誉为日本三大随笔。成书于日本南北朝时期（1336—1392）。全书共 243 段，由一篇序段以及另外 243 段互不连贯、长短不一的片段组成，主题围绕无常、死亡、自然美等，有杂感、评论、带有寓意的小故事，也有社会各阶层人物的记录。作者写作时是随意书之，这些文字有的贴在墙上，有的写在经卷背面，由他人整理结集。

[29] 纸师宗二，指日本江户时期参加光悦艺术村活动的工艺家，“纸师”的意思是指抄纸工人，亦指唐纸师。

[30] 鹰峰，日本京都北区的一个地区。旧称鹰峰村。是京都盆地西北部的丹波（たんば）高地南麓的古扇形地貌。沿着纸屋河的是通往京都周山街道的起点，在“京都的七口”之一的长坂口，是丹波和若狭（わかさ）的物资集散地。另外，当地的光悦寺即菩提寺。本阿弥光悦曾经得到德川家康赐予的土地，成为其家族居住的地方。另外还有吉野太夫常去的常照寺。是可以眺望京都街市的高地，近年来开始开发高级住宅。

[31] 雁皮纸，日本和纸的一种，是用雁皮树的树皮纤维为原料制成的上等和纸，纸质薄而强韧，不怕虫咬及湿气侵蚀。在日本主要用于印木版画，其效果漂亮而清秀。雁皮树，属沈丁花科的落叶灌木，高约 2 米，叶卵形，夏季开球状黄色小花，很难人工栽培。在日本，其主要产地分布于

岐阜（美浓）、高知（十佐）等地，因生长缓慢，无法大量采伐，所以雁皮纸价格昂贵。

[32] 嵯峨本，指近世在日本京都嵯峨，本阿弥光悦及其门下的角仓素庵出版的木活字的豪华本。几乎都是《伊势物语》《徒然草》《方丈记》《百人一首》《观世流》的谣曲等日本文学作品，用纸和装订相当美丽，在设计上也下了一番功夫。又叫“角仓版”或“光悦本”。

[33] 宗达，俵屋宗达，生卒年不详，日本桃山末、江户初期的美术家，是本阿弥光悦的学生，“光琳派”的创始人。曾在京都主持“俵屋”画店（制作和服面料、色纸、扇面画等），代表作有《西行物语绘卷》（1603）、《四季草花下绘和歌卷》等。

[34] 土佐派，日本从幕府末期到室町时代初期，主要继承、保持了以宫廷的绘所为据点的日本传统绘画方式的画派。在应永二十一年（1414）描绘的京都清凉寺的《融通念佛缘起画卷》上，分工制作各个场面的6位画家名被记载，其中以“土”之称的2位画家，行广和行秀之名闻名。据行广的《教言（紫菜时候）卿记》应永十三年（1406）10月29日条土佐将监记载，嘉吉三年（1443）领头描绘《足利义满像》的嘉吉一直活跃，号经光。

[35] 平家纳经，日本平安后期的装饰经。日本的国宝。由广岛的严岛神社收藏。长宽二年（1164）9月，平清盛为祈求平家一族繁荣而向严岛神社供奉的经卷。除《法华经》二十八品开经《无量义经》以及添加的《观普贤经》外，还要将《般若心经》《阿弥陀佛经》和《愿文》各一卷，加在一起为三十三卷方为一具。这是具有三十三种身姿变化瞬间拯救众生的故事，是基于严岛神社的本地佛十一面观音的三十三现身的思想。从

平安时代中期贵族社会流行的，所谓流传的“一品经供养”的遗留，从平清盛亲笔写的愿文，到重盛、赖盛、经盛的一门 32 人各自的一卷寄给结缘，是尽善美的写经故事。每卷的抄写是一人一卷分担执笔，其中也包含了优秀的书法家的笔迹。同时，各卷一起封面、回顾、用纸、发装、金具、带子、轴等，都是当代的绘画、书迹、工艺的最高技术，华丽的装饰处理，反映平家的荣华富贵。此外，这些纳金银庄的云龙文铜制经箱，以及这些经箱的纳莳泥金画唐柜也一并被指定为国宝。

[36] 扇面古写经，指扇面法华经册。平安末期（12 世纪后半叶）的装饰经之一。在扇形的纸面上画上图案，在那上面抄写经文，任何面的重叠与在中央折页重缀，正好是纹缝之处。原来是《法华经》和第八卷开、结经中增添了《观普贤经》《无量义经》两卷成为 10 帖。现在在大阪的四天王寺有 5 帖，东京国立博物馆有 1 帖，及其他诸家残留 1 帖。扇绘原来被认为有 115 张，现存的是 6 帖 59 张。各帖的封面都描绘成普贤十罗刹女图，用纸的画稿描绘的不是经典的内容，而是没有关系的风俗画等。根据这些木版印刷的墨线图的处理，或者是波纹花样在其外观设计的基础上，制作绘画等的大和画的彩色，并且采用金银的切箔、野毛、砂子等类似莳绘的技法，极富技巧性的美丽。构图和人物的表现也变化丰富，是平安后期世俗画的一大集成。

[37] 桧扇，将 20 至 30 张丝柏的薄板用彩色丝线系在一起的画扇拼。从日本平安时代开始被用作束带、衣冠等的服饰品，也是笏的替代品。后成为贵族妇女在穿着礼服时用的饰物。镰仓时代以后，系上的线大多在扇骨上端垂挂而生风。近代以来也分片数，公卿 25 片，大人 23 片。童子用的是在桧木薄片扇子上画出彩画的桧扇，女子用的桧木扇又叫祖扇。

[38] 家康，即德川家康（1543—1616），日本战国时代末期、安土桃山时代、江户时代的武将，战国大名，江户幕府第一代征夷大将军。日本战国三英杰（另两位是织田信长、丰臣秀吉）之一。杰出的政治家和军事家。生于名古屋附近的冈崎城，原姓松平，永禄十年（1567）奉敕改姓德川。桶狭间之战后与织田信长结为同盟，本能寺之变后先与羽柴秀吉（丰臣秀吉）敌对，后又迫于形势而向其臣服。小田原之战后被秀吉移封关东，虽失去长年的根据地，但得到丰臣政权下外样大名中最大的领地。担任五大老的笔头。丰臣秀吉死后，在关原合战中率领东军战胜西军，确定了霸权。自此一步步摧毁了丰臣家势力。庆长十九年（1614）至庆长二十年（1615）经大坂夏、冬之阵灭丰臣氏，江户幕府统治体制从此坚如磐石。德川家康建立了德川幕府后，日本进入暂时的和平。死后遗体埋葬在骏府的久能山，1年后被改葬到下野国日光。被日本朝廷赐封“东照大权现”，成为江户幕府之神，在日本东照宫中供奉，后人称为“东照神君”。

[39] 林罗山（1583—1657），日本江户初期的儒学者，名信胜，字士信，通称又三郎，落发后取名道春。另号罗浮山人、海花村、夕颜巷等。先祖为加贺武士，其时住京都，是伯父吉胜（米商）的养子。1595年在京都建仁寺读书。1597年要求出家被拒而归家，自学经学，为朱子学所倾倒，21岁开始讲说《论语集注》。1604年与藤原惺窝见面，受其影响较多。

[40] 灰屋绍益（1610—1691），日本京都人，江户前期京都的豪商、文人。灰屋是屋号，家名为佐野。父亲为本阿弥光悦的外甥光益，后为佐野绍由的养子，名重厚、承益、三郎，通称三郎左卫门。晚年与光悦亲近，受

其影响的有松永贞德，曾随乌丸光广学习和歌、泡茶、蹴鞠等，曾与水尾天皇、八条宫智忠亲王交往。文笔较好，其随笔《繁华草》表达了风流人士绍益的思想。宽永八年（1631），在六条柳町的游郭与近卫信寻争抢名妓野太夫而身亡。

妙心寺的午后

昭和二十三年（1948）11月3日午后，只见秋天的洛西静静地下着小雨。去妙心的禅刹拜访久松真一[1]教授，同行者有河井宽次郎、村冈[2]两位老友。穿过山门，一条不知道被踩了多少年的石叠路显现在眼前，我的愉悦慢慢地在那个时候来到。弯弯的绿松、慢慢变化着的秋树如同锦缎一般迎接着我们。石道的两边是并列的塔顶，虽然是一个人走，但在沥沥细雨的空间里，全部的东西都归于寂静。有人来过吗？院内已经没有扫尘并停止擦拭，但清净的气氛却一直围绕着。这正是正常的寺院应该有的，做家务是禅生活中不可缺少的一部分，所谓禅，就是该与僧侣生活的方方面面相关。扫除庭院，修剪树木，这也是修行。有这样的说法吧。“毕竟净”是佛的住所，寺院应禁止秽浊。一旦进入这里的禅门，确实别有天地。亦有道路通到建筑和庭院，暗示出各种公案的答案。无论怎样的名园也不可能比其更美，园中有着漂亮的树木，古老的土墙，森严的寺门，越过这些便能看到高耸的屋顶和屋脊，那里表现着历史的深邃、信仰的强大与清规的严格。如果没有禅刹，京都的分量要减少很多吧。感谢传统的络绎不绝，宗门的力量如今也未减弱。对于住在这里的禅僧来说这是一个比较重的任务，不知年轻的修道僧人抱负如何。

穿过春光院的门就能看见僧房那漂亮的破风结构，这里是久松博士居住的塔头，驻足仰望其构造之美。先是右拐再左拐，沿着里面的土墙向前，小路在院子里延续下去。在耸立的树木之中，在飞石的引导下，到达了被浓厚的树木掩盖的僧庵。敲响了挂在轩端的钟，告知有人来访，随着声音的消逝教授静静地从家里出来。

众所周知，博士已在此古刹修禅多年，在湘山[3]老师的严格指导之下传承法脉，独自在此庵持戒已有三十余年，尚如一日。教授是寡笔，二三本著作已经充分说明其体验和学识。禅经验本来就是全部思索的中枢，奠定了东洋宗教思想新学的基础，其功绩无人能比。同样身为居士，能够与之相提并论的恐怕也只有铃木大拙[4]先生，此二人也许是现在禅门最为倚重的存在吧。与人接触时他的性格温厚和殷勤令人难以忘怀，到春光院拜访先生是我很久以来的心愿。

如今在洛中，还有如此与世隔绝的僧庵。长满青苔的土墙被茂盛的树林挡住，室内是昏暗的，透过木格窗射进来的光线在这里也是安静的。打在帘子上的雨滴声，一入庵室便被沉入深沉的静寂中，偶尔听到低沉的梵钟声。一切都如同在邀请人进入禅定一般。墙上挂着曾良[5]的俳画，板壁上则是西田寸心[6]先生的书额。主人诚恳地迎接我们，让坐，并拿出了紫菜茶。全部的起居活动、隔扇的开合，都合乎礼节。

所谓的茶禅一味，与主人的修禅是同时进行的，要亲自操持茶事，这样的生活与“茶”是无法分开的。任何人到府上拜访也将受到主人亲自出马的款待。我们终于被迎入准备了釜和风炉的内室，（主人）为了我等在点茶，储水器、茶碗、小茶勺、茶罐、舀子被陆续取出，接着有应季的名果被盛在菊花纹的小碟里放在我们面前，我们受到了抹茶的殷勤款待。

想来主人的“茶”，不是只会停留在茶会上的“茶”，行住坐卧都是“茶”。日常的生活、举止、接待，皆以茶礼之心，生活的一切均在“茶”之中。茶室内的茶与茶会的“茶”只不过是茶生活的局部。生活中有“茶”，“茶”在生活中，其间是没有区别的。想来不论顾客是茶人和禅僧，或是商人和学生，主人的“茶”之心都不会有丝毫动摇。哪怕没有客人，茶礼的一举一动也不会懈怠吧。在这一点上，怎样的茶人、宗匠，都不如他是正宗的茶人吧。这样历史悠久的古朴僧庵，对于主人来说是无比心仪的住家也是有道理的。平凡三十年，无穷无尽的生活之泉，亦从茶禅一如的心境中涌出。禅体验和哲学的学识以及茶生活的三位一体这点，他当真是独一无二的存在。其他有谁还能兼备这个三位一体呢？

那天的主人展示了怎样的点茶礼法呢？那个习惯了的手势，谁都感到舒服。这个茶人不寻常，对我们显示的，是恪守普遍的点茶惯例的“茶”。正因如此，在展示“茶”的正统的同时，“茶”之弊病也完完全全地暴露出来。主人拿起舀子，把它放在有声音发出的盖子上。向茶碗中续进茶汤，再用茶筅清洗。那个时候再两三次用煮开了的水冲泡，大概是遵循茶法的。习惯的茶礼就是这样教给我们的，教授是按被教给的那个顺序做的，因此是毋庸置疑的。但是，这种形式已经是过度的。在盖子上有声音，是因为原本放舀子时而自然会有声音。但是应该故作响声之态吗？如果是这样的话不是自然的声音，而是为了发出声音的声音。如此已经从禅的意思上离开了。为何放置舀子会陷入有声与无声的两难呢？难道没有不拘泥于形式的声音吗？在不自由的地方，茶也不会有。茶筅一定要离开碗到不必要的高度吗？那个型原本是有所夸张的，心死才滞于型。假使固守型到了破坏自然的地步，那么茶筅的应用也会陷入不自由的境地。践行茶道难到没有更加坦荡自然的方式了吗？如果对茶器的处理以牺牲自然为代价，那么“茶”也就不再是“茶”了。茶礼的深度，是基于自然之上的吧。若是沉溺于那不自然的手法，“茶”就会落入不自由的“茶”。小茶勺的声音，以及茶筅的动作，全部都是花架子而已。更坦率一点好吗？否则，就有悖于禅意吧。习惯的茶礼弊端很深，茶在那里，用小绸巾裹着枣清洗小茶勺，眼里已经几乎只剩下形式，仅仅是在模仿擦拭的动作罢了。为何不真的清洗茶勺？假如不需要的话，为什么要执着形式呢？那是已经死板了的教条吧。

为了把现在的“茶”深入理解为正确的“茶”，无论如何也必须有一次对今天的“茶”的否定。这否定是肯定了它的肯定之否定，或者干脆称之为“茶”的解放好了。濒临死亡的习惯形式，也可以在一起得到自由。这个自由必须是型的基础，必然的型才好。今天的茶礼，必然是找不到了吧。原有的“茶”的解放，我想正是与久松先生一样的人所应该期望的。那个宗匠的“茶”已经被商业恶化了，有什么好指望的呢？如果不指望像久松先生一样平和的茶人出现，那么谁又值得期待呢？我不想以过于造作的形式取茶，只是想要“茶”也能有“如”的境地。茶是否应该是“自如的茶”？

那一天用了两个茶碗，一个是所谓“乐”的有着高台的茶碗，另一个是“红乐”。前者传言是高丽的物品，所以被要求请谨慎使用，但看上去完全是和物的样子。河井解释说是“乐”的一种，至少是茶碗被冠以美意识以后的作品。谁都知道“红乐”也是“茶”的物品。

多数的茶人对此类“乐”是尊重的，或许反映了人的眼睛里茶碗的极致。然而，这样的看法是必然的、正确的吗？就我们的观点而言，茶碗的坠落就是从这个“乐”开始的，逐渐形成不治之症，并且继续毒害今天的茶器。《临济录》写道：“无事是贵人，但莫造作，只是平常。”（《临济录》四十）“乐”的强项是在美的制作上下功夫，因而是做作的茶碗。极少是“无事”的，也不具备“平常”的性质。其造型是歪的、压扁的、扭曲的，釉色不均等，都不是平常的样式，大概谁的眼睛都能看出作品的做作。“茶”是清静寂寞的，实际上“乐”却是喧闹至极的茶器，在任何地方都显示不出沉默。人们见此说涩味，却是花哨的茶器。某些多数是“大名物”的“井户”茶碗，至少也是不做作的。不管哪一类都有“平常”的容器。无论形状如何的歪曲，“梅花皮”如何的有风情，都不是以雅致为用意的造作。“无事”的境界是从平稳中生出来的东西。做作的“乐”与自然的“井户”又有着何种缘分呢？

深入研究禅经验及其哲理的久松博士，对于这些真理必然是熟知的。但为何使用做作的茶器？这不是矛盾的行为吗？将之用于禅庵的侘茶又是为什么呢？这些茶人只不过是因为对“无事”的教诲没有见识罢了。并且，也不具备对物之美有见识的眼力，只是他们的“茶”长期以来处于对“乐”的尊崇之中吧。因此丢失了怀疑的机缘，就这样习惯了。又不遗余力地相信是“茶”的传统，不管怎样是相信了。我们在这一环境中学习茶礼，体会茶道。如果说这是正系，是真正的活态正脉，那么没有否定原有的“茶”就不能被延续。按惯例全面肯定的“茶”，期待不了“茶”的未来。

久松博士曾评论冈仓天心[7]对“茶”的看法，来驳斥这位著名的美术评论家关于茶美的见解。天心将“茶”之美的完整的过程视为“不完全之美”，久松先生则说明只有“对完全的否定”才是“茶”之美，进而说明这样的美应该以“无”为基础。久松先生的这个见解被认为是出类拔萃的，但是以“对完全的否定”能够很好地说明“井户”之美吗？那是对“乐”的最理想的说明了，却不是对毫不做作的“井户”的阐明。为何“井户”要从与完全、不完全的对立无关的境界中产生呢？完全的肯定或否定，获得完全自由的解放的“井户”，是在所谓分别未生的区域里制作完成的。“乐”是“对完全的否定”吧，那也从“无”远远地离开了吧。“无”是无碍的吧，“茶”之美就是这样的无碍之美，未生之美。

我们想就这件事和博士进行亲切的交谈。从他那里得到的教益是很多的，但也许我们也教给了他一些东西。为了提高茶道的深刻，如同他那样思考比任何时候都需要吧。若是对具象的器物进行直观的观察，他会进一步深入，他的茶论也会更加清晰而毋庸置疑。

告别之后，西田寸心先生的匾额再次映入眼帘，匾额的文字是“大道通长安”。作为受到恩惠的我，现在评价已经去世的先师被认为是失礼的，但像老师这样卓越的思想者，为何会犯文字上的错误呢？听说老师为学习文字做出了不寻常的努力，确实是不一样的。打破文字类型的趣味到了那种程度，变成了技能，是不太容易的。追逐着妙趣的痕迹，乍一看就不是写成的东西。如老师一般的达人，如果老是这样稚拙，美丽的文字就有可能实现。但是，这里却能看见“拙”选择“巧”的痕迹，把它作为人类应该理所当然的任务的人也有吧，然而相对于“拙”的“巧”有多少价值呢？《信心铭》[8]中记载了“唯嫌选择”，然而先生的选择却不在文字方面吧，真正的美是在既不是“拙”也不是“巧”的境地。老师的文字还被异常的阴影纠缠，是达不到平常的。是通往长安的大道吗？那只是波澜中的狭路吧？寸心老师是怎样反省自己的？就我看来，不那么矫揉造作的文字会更珍贵。老师给我写信的文字，那是很美又很难得的。只剩下技巧的眼睛，公案的回答是不。老师的文字和哲理之间还有很多隔阂吧？

老师的部分遗骨埋葬在妙心寺内。我一直希望能够有时间进行参拜，那天下午终于有了机会。久松教授在繁忙的工作中抽出片刻的闲暇，提出打算做我们的向导。奥津城附近的灵运院，小小的禅刹中也有精彩之处，在那个庭园的一隅设有墓碑。实在是远离俗事的净域，扫得干干净净被净化的白砂庭院，犹如灵魂保护着环绕的土墙，而被树木重叠的叶子染成绿色，是永远的寂静场所，让老师选中，是怎样的宿缘。旁边建有钟楼，日夜的黄钟大吕之声与梵音相和，这样美的墓地正是所希望的。若有灵魂，老师的愉悦是什么东西都换不到的，这无疑仰赖于很多朋友的心愿和弟子的苦心。

但是在这里我的眼睛又一次困惑了。在这美丽的墓园中，立着一座堪称无趣的墓碑。虽说是根据美学家植田寿藏[9]教授的方案而建，怎么感觉是到处都能看到的。旁边横卧着的天然石头，据说是受鞍马的启发，这样的造型有什么意义呢？ 石头本身并不丑陋，天然的石头就那样了，碑石是不成熟的东西。 如果选择天然石头的人很优秀的话，人类为什么要求五轮塔的造型建造成莲台状的纪念碑呢？ 需要的是实现心灵象征的感觉。 天然的石头没有作为墓碑的意义，雕刻成石头碑得到重生的奇珍岩石呢？ 就那样也不够传达人类的憧憬。 美学家等人的选择也是无法理解的。 只不过是一时所想、对某种趣味的牺牲罢了。 这座墓能不能称为墓也不好说。 京都是平安朝的旧都，有着一千年的历史，如今拥有两千座寺院，在那里残存的墓碑，大约有几千万座吧。 至少可追溯到元禄、宽文时代，能看到无数非常美的碑石。 为什么在附近的这个资源没有发挥呢？ 天然石不可能比雕刻的石头更美，以雕刻的石头之本性，刻出石头的本性，便是人类的艺术优于自然的缘由。 在艺术中自然是最美的，美学再三教诲我们的是这个原理吧。

然而就是这块自然石，放在色泽完全错误的花岗石之上，在其之间不能找到任何的协调。 寸心先生的好学生有许多，精通哲理的他们中间，竟无一人对这样的错误提出强烈的抗议。 只有寄希望于先生的墓碑再建时修改吧。

北镰仓东庆寺[10]的老师墓上安置着五轮塔。 我不知道这一方案是多么的优秀。 只可惜，旁边的是岩波茂雄[11]的陵墓。 相比之下，老师的墓称不上是大型建筑了。 建好后，遗属和朋友在老师面前应该是恭恭敬敬。 这肯定也是岩波先生自身希望的。

那天打扰了非常忙的久松教授超过本意的长时间，抱歉了。 辞别之时，博士伫立在家门前目送我们远去，伫立在那里看着我们离开。

其诚恳之心与礼，比什么心意都清纯。那天在妙心的禅刹投了几个公案，此文只是其一个小小的答案而已，就教于久松博士。

《心》昭和二十四年(1949)四月号

译注

[1] 久松真一（1889—1980），日本哲学家，佛教学者。岐阜县岐阜市人，原姓大野，号抱石庵。1912年进入京都帝国大学哲学科学习。受西田几多郎和铃木大拙的影响开始研究东洋哲学、佛教和日本思想史。1919年任临济宗大学（现花园大学）教授，1929年兼任龙谷大学教授。1946年后任京都帝国大学教授、京都大学教授。1953年后任京都市立美术大学教授。1974年移居岐阜市长良福光。曾任FAS协会代表。著有《东洋的无》(1939)、《起信之课题》(1947)、《茶之精神》《绝对主体道》(1948)、《人类的真实存在》(1951)、《禅与美术》(1958)、《久松真一著作集》(1969—1980)等。

[2] 村冈，生卒年不详，柳宗悦的朋友。

[3] 湘山，即池上慧澄（1856—1928），是日本明治、昭和时代前期的临济宗僧人。筑后人。本姓宫本，号湘山、柏阴室内。曾师从京都妙心寺的越溪守谦、小林宗补，随宗补学法。为妙心寺住持、临济宗大学（现花园大

学）的校长。昭和三年(1928)9月22日逝世，终年73岁。

[4] 铃木大拙（1870—1966），佛教学者，日本石川县金泽地方人，曾任学习院及大谷大学教授，文化勋章获得者。

[5] 曾良（1649—1710），日本江户初期的俳人。姓岩波，名正字，通称庄右卫门。出生于信浓上诹访。青年时曾服务于伊势长岛藩。延宝年间（1673—1681）活跃于江户，1683年随芭蕉学艺，1685年秋入仕，住在深川。1687奉“鹿岛诣”，于1689年随芭蕉考察“奥州小路”。师从吉川惟道学习神道。在巡回传道时，客死壱岐胜本。有著作《奥州小路》等传世。

[6] 西田寸心，即西田几多郎（1870—1945），日本石川县人。号寸心、松坞。哲学家、文学博士。毕业于东京大学哲学科，在各地的中学、高校任教，后任京都大学哲学科教授，担任哲学、哲学史第一讲座。主要著作有《善的研究》《独创的哲学家》《日本哲学的指导者》等。日本文化勋章获得者，昭和二十年(1945)逝世，终年76岁。

[7] 冈仓天心（1863—1913），日本美术活动家、美术教育家、文艺理论家。日本横滨人，幼名角三，后更名觉三，中年号天心。7岁时进入外国人开办的英语学校学习英语。16岁时成为东京帝国大学的首届学生。1880年从东京大学文学部毕业后，获文学学士学位，进入文部省，从事美术教育、古代美术调查保存工作。明治十七年（1884）与美国学者E. F. 芬诺洛萨（Fenollosa）成立了鉴赏画会，扶持狩野芳崖、桥本雅邦的创新活动，致力于新日本画的开拓，试图立足于狩野派绘画，同时又兼取各派所长，并采用西方绘画写实手法来创造新日本画。1886年至1887年与芬诺洛萨一起，作为美术调查委员去欧洲各国和美国考察。

回国后，致力于东京美术学校的创设，创办美术刊物《国华》。明治二十三年（1890）成为东京美术校校长，兼任帝国博物馆理事、美术部长等职，还组织了日本青年绘画协会及其后来演化而成的日本绘画协会，1891年当选为日本青年绘画协会会长。1893年起，多次去中国、印度考察，加深了对东方文化的认识。1898年，因美术学校的内部纠纷而辞去校长职务，带领桥本雅邦、横山大观、下村观山、菱田春草等人组成日本美术院，当选为评议长，领导新日本画运动。明治三十七年（1904）赴美，先后被聘为美国波士顿美术馆的东方部顾问、东方部部长，往返于日美之间，其间还兼任文展审查员、国宝保存会会员，并且在东京帝国大学讲授美术史。不仅作为明治时期美术的领导者，还在优秀的国际意识中，向国内外呼吁日本及东洋文化的优秀性。主要英文著作有《东方的理想》（1903）、《东方的觉醒》（1903）、《日本的觉醒》（1904）、《茶书》（1906），有《冈仓天心全集》传世。大正二年（1913）逝世，享年50岁。

[8]《信心铭》，禅宗的法典。作者是禅宗三祖僧璨大师，这一篇东西是禅宗里面很重要的文献，换句话说也是中国禅宗修学指导的原则，虽然是禅宗指导原则，实际上大乘佛法的修学，无论是哪一宗哪一派或者是我们常讲的八万四千法门，门门要想成就，都不能够违背这个原则，所以这篇文章变成佛门里面非常重要的文献之一。要研究信心铭，首先应该知道禅宗的特色和禅究竟是什么，否则信心铭就很不容易了解。禅究竟是什么？通俗地说，禅是法界的实相，是生命的共相、原态和不二法门的体现，也就是法的现量。佛法有比量和现量。所谓比量，是理性的认知，是可以用逻辑的方法来理解的。

[9] 植田寿藏(1886—1973),日本美学家、美术史家,京都帝国大学名誉教授,日本昭和前期美学史上的重要代表人物之一。出生于京都府缀喜郡普贤寺村(现田边町),明治四十四年(1911)毕业于京都帝国大学文科大学哲学专业,获文学博士学位。大正八年(1919)就任京都帝国大学讲师,大正十一年(1922)就任副教授。大正十四年(1925)开始在欧洲留学2年,回国后就任九州帝国大学教授。昭和四年(1929)就任京都帝国大学的美学讲座教授,昭和二十一年(1946)退休后成为京都大学名誉教授。其美学研究大致可分为三个时期:① 探索期,从1916年《哲学研究》创刊,植田参与刊物编辑并开始倾倒于西田几多郎的哲学思想体系,到1924年出版《艺术哲学》、次年出版《近代绘画史论》为止;② 成熟期,从1927年留学回国转任九州帝国大学美学美术史学教授、京都大学文学部讲师到1946年从京都大学美学美术史主任教授任上退休,出版了其代表性美学著作《艺术史的课题》《视觉构造》《日本的美的精神》以及他为《岩波哲学讲座》(上、下,1932)所撰写的《美学》等;③ 深化发展期,从1946年退休到1973年逝世,专心从事美学美术史的研究与著述,这一时期的著作有15种,《美之极致》《美的批判》《艺术的论理(逻辑)》《绘画的论理(逻辑)》《日本的美的论理(逻辑)》(1970)等美学、艺术哲学专著,以及研究东西方美术史、绘画史,《佛教美术》《米莱》《塞尚以后》《近代绘画的方向》《西方美术史》《杰作与凡作的逻辑》《绘画上的南欧与北欧》等。

[10] 北镰仓东庆寺,位于日本神奈川县北镰仓车站附近小山的半山腰上,建于1285年,镰仓幕府第八代执政北条时宗的妻子志道尼创建,后到14世纪初,由醍醐天皇的皇女用堂尼当了住持后,因该寺建在松冈山上,故改

叫松冈御所，以后世世代代由名门女子出任住持。这座高雅的寺院，一向以维护女性权利而著称。在江户时代，女性没有婚姻自由，她们被强制婚姻又不允许离婚，或婚后受丈夫和婆婆的虐待，此时，她们若来到东庆寺便会得到保护，东庆寺帮助她们提出离婚要求，办理离婚手续，如果一时手续办不成，妇女可以留在寺内修行三年，则自动承认离婚事实，即所谓“缘切寺法”（此条为译者注）。

[11] 岩波茂雄（1881—1946），出生于日本长野县诹访郡中洲村。日本著名的出版家，岩波书店的创始者。小农家庭出身，东京大学哲学科选科毕业。1901 年 20 岁时进入第一高等学校（东京大学预科）读书。同班好友中有后来成为著名作家的阿部次郎（1883—1959），东北大学教授、基督教史学家石原谦（1882—1976），美学家上野直昭（1882—1973）等人。1904 年为思考人生问题而苦恼，学业受影响而留级，又与后来的终生好友、评论家安倍能成（1883—1966）同班。不久，他因放弃考试而被开除。1905 年进入东京帝大哲学科学习，1908 年毕业后，赴神田女子学校任教（执教修身课）。1913 年在东京神田神保町开办岩波书店，翌年以出版夏目漱石的《心》为契机，开始致力于出版事业。先后出版发行《岩波文库》（1927）、《岩波全书》（1933）、《岩波新书》（1938）等，展开了涉及广泛学科领域的出版活动。到 1943 年总发行量达 6500 万册，成为日本最有名的大书店。战争期间，由于他的自由主义态度，受到军部压迫，直到后来公开声明支持“大东亚战争”。但总的来说，他出版的绝大部分都是文化科技作品，1946 年荣获日本文化勋章。

“茶”之病

一

赞美茶道的文章有许多，更多的是醉心于茶道的记事。但批判茶道的文章却格外的少。大骂茶道的也不少，但那和醉心茶道的文章一样，并未有批评性。近年来历史性的文字有许多，关于利休的基本资料的收集，关于茶室的调查，最后都呈现在学术性的文章中。这些都是值得庆贺的，但不等于这些文字有充分的批判性。有的从一开始对利休无条件的感谢，有许多还将古代茶室一味地想成是美的事物。因此关于古代茶道，还是考察一下为好。我所见过的茶道历史都是功过相伴的，特别是近年来益发流行的这样的道以及相关的事物，弊端已经很明显，希望能够分清是非，加以理解。

二

谁都会说“茶道”，如今“道”又在何方？充其量不过是“茶汤”

而已。东洋人大凡将艺强烈要求升格为道的，如弓术成为弓道，剑术成为剑道，插花弄成花道，同样也会将茶汤拔高为茶道。追求艺之道是一种必然，只有成道者才能是艺之大成者。因此，当然是标榜为“茶道”二字为好，但是，“道”之成其为道者，又有哪个茶人能够接近呢？不过是廉价的东西。如果是道的话应该是深玄的，而不是浅薄的、容易理解的。因此今天流行着的，充其量是“茶汤”，且不是贯彻了“茶道”思想的“茶汤”。茶的掌门人相当多，那顶多就是借助茶事好忽悠而已，这“道”是不是被以为是提高茶礼的工具。

当达到道时，往往被说成是禅，所以就有“禅茶一味”之说。我也是一个很诚恳的愿意思考的人，但是如果通过禅接近“茶”，一般的人应该是很难靠近的。能够为参禅所苦的人，也许进入不了禅境。所谓野狐禅[1]古今都有很多，这是不变的。若是茶人无论是谁都来解说禅味，只不过是愚蠢。“茶”若是“道”，必定会有许多似是而非的茶。如今有无数的师匠，不论是何人都能解读禅茶一味。这实在是令人看不下去，原本连禅录等都不读吧，平和地去读吧，读了就会了解许多难以知道的事吧。不要对茶道大放厥词，更加谦虚、深刻的茶之汤似乎有很多。那是因为在茶道中，有些可疑的东西吧？好，点茶能够成为一个出色的茶人，但在我看来，点茶的形式也有它自己令人作呕、装腔作势的部分。对于这些糟粕必须加以清洁净化。

我认为年轻的女人养成煎茶的习惯是一件很好的事，但是觉得习惯于茶的礼节就能成为一个精通茶的茶人，就不得了了。不知道要走更加严格的、深玄的路，不温不火的修行是不够的，特别需要心理修行。那么点茶好了，想来也不怎么样。这个时候如果师匠给予廉价的认可，那么道就会被扰乱。而且，年轻女人们竞相穿着华丽的和服去参加茶会，这大概也是远离了“侘茶”的风景了。

三

“茶”的世界里最能让人闭嘴的，是有些人认为茶事只有巧者能之，一旦成为巧者就自认是个茶人了。与“茶”相关的茶室、空地、道具、所作等，不知何时形成了许多零碎的条条框框，人们自满于详细地认识那样的来历和形式，这被当作相当有魅力之事，谁都想成为巧者。另外，听的人也因为得知有很多详细的规定等而表示钦佩，宛如浸淫茶道多年的人一般会有收获，妄想自己也会得到作为巧者成为茶人的资格。这种人往往喜欢雄辩与讲释，然而顶多算得上是一位博识的人，却没有成为茶人的资格。知识的收集不是贯彻茶道的根本原因，茶道的本质无法凭知识获得。这与宗教中的信仰相同，宗教学再详细，也不能立即成为信仰的内容；伦理学再详细，也不可能直接成为道德家。难道不是同样的关系吗？茶事已经成为巧者的通病，有很多巧者是骄傲的，带有很强的对他人的蔑视，“茶以外的事情从未听说过”已成一股风气。但是这样的人到底是否是真正的茶人？终究只不过是浅薄的人罢了。如果是真正的爱好茶道的人，就会有更淡泊的趣味。虽说以拥有更多的知识为好，但有知识者，往往倒在知识上，比无知识的更难以出来。如果因茶而成为巧者，在心里要有危险信号为好，因为沉溺于茶的危险较大。一旦成为巧者，就会成为博识者而玩弄知识，这样的游戏绝不是茶之道。对自己的批判态度，还是更严格一些为好。谁都有易于成为巧者之患，成为巧者本身并无错，但若是被缚于巧者，就会失去心的自由，这就是人类的下场。毕竟，“茶”是人间的清纯而又深奥的事物。

四

茶人都是风流人。住在风流的世界，无疑比不知风流为何物更好，比他者别有一番天地，这样的人之存在也有一定的价值。但是风流也有着种种弊端，值得注意。风流的境地都是脱俗的场所，与平常的生活是不一样的，而风雅的生活是除去利欲的场所，与精打细算的生活不同。是不落俗套的，当然也是值得羡慕的良好心境。但是风流并不等同于不俗，至少风流过了，或是有意识的话，就会令人厌弃，反而是俗气喷香的东西吧。风流人自封者很多，然而这是表面的，将风流含糊了。风流人只装腔作势是不够的。

身外俗世却不落俗套，在悠悠天地间别有天地者才是风流者。风流者应该是忘我的风流者；以风流为意识者，不是风流者。如果执着于风流就是新的俗气。今天的茶人有着强烈的作为茶人的意识、身形以及做派，但他们却不再是茶人。不是茶人的茶人，与不是风流者的风流者何其多也，这是不可思议的。茶人中的俗人有很多，滞于茶臭的冒牌茶人多么多啊？真正的茶人是脱俗的人吧，宁可不懂也不以茶人自居，伪装的茶人令人生厌吧。不，这样的人不会有茶人的资格。真正的茶人，更是寻常的人吧。只有住在寻常的区域内的人，才有可能成为茶人。“茶”若是滞于“茶”，就不再是原来的茶了。而执着于茶人的茶人，也就不再是茶人了。 今天的茶人有多少能去做淡泊的“茶”呢？ 所以真正的风流人必须是不装模作样的风流人，从这个意义来讲才能杜绝伪风流吧。 禅的话语中，“非风流又风流”一语道破，拥有无事心境者才能挂上风流人之名。

五

在此必须共同反省的是，喜好茶事的人中淫于茶的人非常多。 所谓淫，是沉溺。 从其构成意义来看，近乎沉溺的迷恋也有一定的好处吧。 但若是因沉溺而偏离了茶之道又怎么得了呢？ 淫最大的弊病是，“茶”对自己的束缚达到了极致，陷于除此之外什么都做不了的不自由的境地中。 我的一位熟人因“茶”而成为巧者，由于沉溺于“茶”，完全不能理解器物真正的优劣之分。 这样的人既不是一个人，也不是两个人，“茶”有着美的境地，明明知道以“茶”能更好地认识美丽，美之眼却因此反而失去自由。 为什么会这样的简单的理由，无非是无法摆脱从束缚中对“茶”的看法。 真正的对“茶”的看法应该是开放的，一旦浸淫于“茶”则囚于“茶”了。 无法挣脱，则极不自由。 所谓戴了有色眼镜，则眼镜色之外的都无法看见。 茶道舍掉有色的立场也是应该的，但自己立起“茶”这堵墙，如同人质，外边不让人看，又不能出去。 对茶道的自由看法应当是本体，却为“茶”自己的绳子束缚了。因此看法片面狭窄，眼睛反而倒生出浑浊。 因此溺于“茶”者，会陷入错过真正的“茶”之美的矛盾，这就是不可思议的悲剧。 滞于“茶”者，可以说没有人能看见器物。 如果是不自由的，不可能看到真正的东西。浸淫于“茶”者所看到的美，只不过是被歪曲的美。禅说无碍，茶道亦非他教。因此，浸淫于“茶”者，不如说是因“茶”而乱者，背叛“茶”者，浅薄地了解“茶”者。“茶”以外不会有“茶”，“茶”是为“茶”所束缚的“茶”，那样的“茶”是“茶”吗？执着于禅时，禅去了哪里？“茶”不应该是被囚于“茶”的“茶”，而是畅通无阻地活在“茶”的次第道路上。

六

“茶”总是要与礼结合，“茶”与法交织成为茶礼。礼是法、是式、是型。点茶之所以合乎法礼，是因为一切行动都被精减，省去一切徒劳，只留存下必不可少的东西。如果那是结晶的话，就会从其自身产生型，这里会产生茶礼。

茶礼也可称为行为的形式化。形式一词，容易让人误会，我们往往以“模样化”来称呼，“茶”之型就是做成模样化。所谓的模样，就是事物的姿态被提炼后的形，也就是单纯化、要素化的东西。要素化的表现一经强调就自动成为模样。“茶”之所作，就是慢慢还原成为元素性的东西，从而产生了“茶”之型。所以，去掉型的茶礼是没有的，无论怎样这都是必然。这种型由几位茶祖分别分成几个，产生了流派。

但是，由此在没有充分认识型的性质前，便容易陷入巨大的谬误之中。型说起来是已经定型了，是一种确定的样式。但这样的样式是由必然性引导而成的，而非强行整合而成。动作应选择最为精简的、正宗的，才可以纳入一定的型之内。所以，离开必然的型时，就不是真正的型。如果说型是某种必然，还不如说是来自自然。因此假如失去必然，型就会陷于简单的形式，与自然背道而驰。若是执着于型就会落入不自然，型是静态的，其静是归纳后的动这一点需牢记。不动要是停滞于静就会枯死，这里是茶礼最难的地方吧。自然与不自然，是型的一体两面。虽然只有着一张纸的差距，却是天壤之别。

习练茶之汤，就是开始习练型。只有教授型，传统才能继承延续。因此，型是严格的。点茶学习的是如何使举止得体，开始不太习惯是当然的。按顺序不同，有时会变得生硬。但是这样的事，灵巧笨拙都凑合吧，谁都会通过反复操作来训练，总有一天能够掌握。问题在于，原有的必然要如何与型相结合。

遗憾的是，在看过所谓茶人的点茶之后，所表现的型，基本上走样的很多。型是必然要超越的，但不能无意义地夸张。由于所有的型在某种意义上被强调，型的所作在“吹嘘”才能存在。但是这样的谎话为真实所限，其存在的理由一旦被忽视，就不只是“吹嘘”。这样的夸张一旦过度，就与真实相背了。这样的必然被破坏，就会成为无理取闹。型只要仍有其必然性，那就是没有累赘的。然而，这样明白的意味，正是今天被无视的。

我们经常看到无益的所作，有时也能看到好像是不自然的型，有时能看到某种程度的夸张，有时能看到装腔作势的作为和举止。例如，在洗茶筅时，就能看到大而无当的型。这是远州流派的典型产物，是已经忘却了型之意味的结果，其弊端暴露无遗。这样的无益的状态好像是夸张，其实对“茶”而言是一种邪道。我们所推崇的型应该回归自然，不要从外面接受型，而应该是从内部表达型。只接近于型，就会忘记心，这不是真正的型。“茶”不应是形式化的“茶”，原本型就不仅仅是形式。形式只不过是死的型，重要的应该是不犯杀死型之心的罪。流于形式的“茶”是对“茶”的丑化。

七

茶人们是喜好铭文的。在这里铭文多有着双重的意义，一是茶人所记关于茶器的固有名词，二是器物的作者名字。茶人所给予的器物的铭文，也是其名称，没有其他恶意，或许还能方便区别于其他物品吧。但是绝不是说有了那样的名就都是良好的、美的。给器物冠以人名一般最稳妥，如井户茶碗被叫作“喜左卫门”[2]“坂部”[3]“宗及”[4]等，也有写着陈旧的诗之名的茶器，如“夕阳”“残雪”“七夕”等。但其中有被叫作“开始”“锈迹”的器物，铭文是落在一种游戏里的事情。大体上茶器这样的铭文较多，每一种都是灵机一动和无聊笑话一样，并没有什么新意。这样的名称方式，也是将“茶”的历史弄成了故事，当时与“茶”之内容相关的所有东西都浮现出来。将铭调查并进行分类，若是按时代顺序列出来，基本上可以一窥各个时代的“茶”之风，不过恐怕也会显示其坠落的轨迹。如果有必要的话，还是用所持者名或地名之类的称呼比较好。

另外，因为众所周知有尊重作者名的习惯，仁清、道八、了入[5]或者其他的名字有很多流传，又有传说是某某人作品者甚多，人们习惯认为不管怎样刻有制作者名字的东西价值高。但是，谁都知道“大名物”的大部分作者都是不记名的，究竟是谁的作品都不知道，所以说个人的名字是没有必要记录在器物上的。据古时的茶人说这样无铭的器物是非常优秀的，有铭文完全不是茶器的第一条件。实际上值得注意的是，与有铭文的作品相比，没有铭文的作品要胜出许多。历史上关于钤印的茶器，也没有成为无比可贵的美之保障。

此外，文字的依据还有箱书[6]。一件器物若不光有作者，还有知名茶人的鉴定的话就可喜可贺了。因此，掌门人的箱书像是能用金钱买的一样。这种箱书，让人联想起一种诱惑情操的物品。知道谁曾持有就等于尊崇传承这一点是有误的，茶器本身是品格高尚的。必须注意的一点是，这样的箱书是令人愉悦的，但是与物品本身的美悦是有所区别的；一旦有了箱书，脑海里立即会认定是好东西；只有着眼箱书才能看东西，有没有它和东西的好坏联系在一起，让我感到不安。或者转而追求没有箱书的物品这一个方向，也是一个弊病。热爱箱书固然是好的，但若是对箱书的执着高于物之上，不见物只认为箱书是很重要的，这让人很不放心。初期的大茶人们很难看到箱书这样的事物，这样的事物是后来才出现的，其价值的评估，宜从整体的物品来看。

所以说箱书在茶的历史中称得上是使眼光浑浊的东西。这样的东西并不重要，重要的应该是直接接触物及其相关物品。我的想法是，早期的茶器以来价值逐渐向下，过度沉溺于箱书和铭，丧失了观察物品的习惯，难道不是这样的起因吗？若是茶人们能够仔细观察物品，茶器的历史早就发生巨大的变化了。能够与“大名物”相匹敌的新大名物一个都选不出，不能完成的理由之一，是滞于器物上的箱书和铭，这是可以理解的。茶人们必须要做的，是仔细观察器物。本来，具有这样能力的人难道不是应该叫作茶人吗？ 可惜哉，铭款屡屡成为茶人的桎梏。 铭款和箱书也有好的，但受铭款与箱书的束缚实在是不争气。

八

茶汤必然与茶器相伴。 制作、买卖、使用，令人愉悦的茶具在数量上多了很多。 假如在种类和数量上深究，到底留下了多少东西呢？茶道总是要求名器，或将某些器物称为"名物"，这样的美受到赞赏，琐碎地叙述这样那样的性质。 今天已被制作成图谱类的书籍，也不是一种或两种。 名器只是一种说法。 而且以茶道为己任的人比谁都清楚"名物"的功德为何物。

不可思议的是，茶会上大家都对一件事闭口不谈，就是在那里用的茶具实在是惨不忍睹，即使偶尔碰到了名器，同样也是无聊的东西，禁不住让人失望。 为何茶器的水准会如此之低，低水准的物品是被恭恭敬敬地使用吗？ 应如何说这是现代的一般倾向呢？ 最终表现在眼力上，一堆看不过去的东西也被搬上台面，为什么会有这样的事情呢？

我有时会遇到各种茶人，在碰到茶会时，偶尔也会被邀请去喝茶，但却从来没有遇到过让人觉得眼力可怕的茶人。 虽然那样的人一定存在于某处，但就连担任掌门的大家，眼力也实在可疑。 无论再漂亮的茶会，所陈列的那些重要的名器，是各式各样的无聊，混在一起完全是背叛。 我不是说只有罗列"名物"才能算得上是好的茶会，其实也有一些不知名的物品，可以通过充分的选择方法选出，这样就算碰不到著名的器物，也有可能是好的茶会。 然而这种方法大概是行不通的，换句话说就是胡说八道。这就是没有眼力选择的证据。

爱好茶道的人是任性的，有这样的矛盾应该是羞耻的，但实际上盲目地爱好茶道的人非常多。看他们使用的茶具，有着一种末世的感觉。为什么失去了眼力呢？不过眼力衰退的原因，需要上溯到所谓“中兴名物”的时代来看。

大体上用于茶汤的器物是要用心的，我认为，如此重要的风俗习惯是非常好的。对物甚感亲切，茶人绝不能轻视茶器，只有用来饮茶才是大功德。但在茶室中拜见御茶器时，我总是感到厌倦。好的作品一出现会让人眼前一亮，但差在无聊之物也有许多。箱书、礼物清单上故弄玄虚的东西有很多，但与令人期待的“这些”东西没有相遇。那样的东西被大家拜见时是很无聊的，如今的茶人会使用什么样的物品？正因为被认为是好的，所以才可以使用。不过茶具的事情，要看用于何处，可能也有雅致之处。但是看到的也多是低水平的，让我困窘。点茶的练习也很重要，不过，现在的“茶”也很看重眼睛的修行吧。认定丑陋的器物为美丽，茶汤也很扫兴。

九

我从前公开《茶道畅想》这篇文章的时候，被批评我的看法在“器物中心”塞满了。虽然我想说他眼睛不灵敏，但对他而言，“茶汤”倒是在心的天地中悠悠游玩。即使使用的器物很普通，也足以品尝到“茶”的精神。也有人说这足以让人体会其滋味。为此，器物绝不是一义的，就算分辨不出茶器的好恶，也能称得上是茶人。

确实，即便看到了器物之美，也不会立刻具备了茶人的资格。在一个茶室里使用了很好的名器，也不能成为好的茶会。有时在粗糙的茶室用凑合的茶器泡"茶"，反而是快乐的，应该是更加符合茶心的场合。无论器具如何齐全，仅此不可称为"茶"。因此，器物随便怎么都可以说，却也离真的"茶"越来越远。

茶最初是被当作药来饮用，所以饮用才是目的，使用怎样的碗是后一步考虑的事情。但在饮茶的场合，绝对不会这样做茶道，何况是茶的道路。饮茶不光是饮茶，饮茶要依照顺序享受才会快乐，在美丽的茶室里边饮茶，边等着茶汤的温度升高，从而喝茶不再用不合适的茶器，转而选用相应的器物。

原来，是为了饮茶才考虑茶器的，所以器之美是为了诱惑更加用心地饮茶。我想，是茶先招来了容器，器皿再反过来更加适应于茶。虽然说茶具台自古就有，但茶具台之美召唤出了"茶具台之茶"。如果没有被物之美所打动，那茶汤也就没有成熟吧。一般的丑陋的东西，能够与茶器的遴选机制有缘吗？"茶"占据了世界上的美之场所，只有这样才是茶道。因为器物的遴选与美之世界能够深入地结合。正因为只有这样的美才美，茶汤才更像茶汤。特别是提高为道时，器之美必须提高到与道相适应的程度。因此，茶汤与美的器物，其间是密不可分的。

所以对器物的美漠不关心的人缺乏从事"茶"的主要的资格。认为茶器不问好坏都行的人，大概是对美不关心吧。如果不选器物，只不过是表白自己与识美的眼睛没有关系。有眼者，对任何器物都可以的话，绝对说不出口。对器有所取舍而后才出现茶器。但是，至少对

“茶”寄予希望的人，也不会对器具冷淡，所以也不会发生什么特别问题。与之相比，茶器的病还在别处。能够举出两个大的案例。

第一，可选择的茶器很少，其选择的方法错误。述及好与坏，有时会有不同判断的情况。因此，屡屡产生的，是将丑陋的物品看成是美的，对美的物品坚决不收。会有如此判断错误，是因为自觉错误的力量不足。其结果是，所用的器物必然鱼龙混杂。不，鱼龙的差别很难辨别，毕竟不是拥有正确的敏锐的眼睛的人。即使是对茶具有敬意和情爱，若是将丑陋的东西说成是不丑的，那么也会将美的东西说成不美吧？喜欢无聊的东西到了什么地步？热爱美的物品却不能正确地理解美。这些人被旁人相信的话，就没办法处理，什么也不知道的却被人理解为专家，真是没有办法。令人遗憾的是以茶道为己任者，不犯这个病的人倒是很少。在多数场合，茶人们的选择从根本上来说是暧昧的。

关于器物的第二种毛病。初期的茶人们出现的时候，列举了数种名器，其造型和尺寸基本上都已经确定，后代茶人们根据这些来对茶器进行判断。也就是说，作为佳器被“茶”选择的，除按惯例约定的物品以外不再考虑。换言之，如果离开“名物”的原型，就看不到作为茶具的价值。进而，除了那个原型之外的物品，是不能成为茶具的。如前所述第一种病态有“选择的暧昧”，其第二种名为“选择的狭隘”，从而因眼界的局限而没有自由。若是放开眼睛，则选择有点乱；拘泥于反对，则视野受到影响。如前所述的箱书便属病态的一种，早期的茶人由于没有茶器，便开始自由地选择出茶器。那时没有束缚看法的类型，美的物品是以美为标准来选取的。这种自由的选取方式实在是漂亮，所以被选中的物品，基本上成为美的产品的表率。另外，初期的茶道之人绝不谈那些除此之外的茶器就不算是茶器。实际上出生于后世的，特别是出生于现代的茶人们，处于比初期的人们更为得天独厚的境遇，有着比他们能够看到更多物品的机会。今天的我们有必要再度复苏自由的看法。茶祖们所拥有的那样的自由，他们以美的标准去衡量美的物品，而不是以符合某种型为美。正因如此，不是茶器的物品也成了茶器，这就意味着他们是创作家，真正的茶人应该是这样的创作家。如果年轻的茶人们拥有这样的自由，名器的数量会如何地增加？其种类会如何地增多？

到哪里眼睛都希望能有自由，现在很多的茶人们缺乏这个自由，又不想拥有这样的自由。这样的事情现在来讲是重要的，因为后代的茶器基本上已经没有精气神了。为了茶器不再灭绝，必须要成长，为什么今天的“茶”的成长却碰到了障碍？

十

茶礼应该是没有贫富的差异的，贫穷者是很喜欢“茶”的，茶事是谁都会被允许参加的。不，因为是人类的茶事，所以可以说是公有的东西。但事实是这样的吗？

当碰到一位精通茶事的学者时，出现了什么样的“茶”作为“茶”最优秀的故事。我陈述了应该是禅宗所说的“无事”的“茶”、“平常”的“茶”的理念，而学者则认为“豪华的茶”是茶事的极致。我着实吃了一惊，“豪华的茶”究竟是什么？是很少的难以理解的词语。

总之，要准备著名的各种道具，只在漂亮的茶室泡茶。我记得那个学者被一个有钱的茶人大加赞赏。

我想这样的“豪华的茶”，没有钱在今天就行不通。前些日子听说至今已有十五年前举行的“豪华的茶”，至少也要五十万元（日元），办这事要有相当的财力吧。其中，包括茶室、茶器、饭菜等全部在内，特别是“名物”还要增加，这按当时的市价不错，要换算成今天的价格，其十倍就是五百万元，百倍的话就是价格五千万元的茶会。这就是“豪华的茶”所不可避免的性质，只有有钱人才能行，这是与贫乏的民众无缘的茶事。的确，如果是有名器的茶会，其本身应该是相当不错的，果然这样的茶会总是最优秀的吗？

我想这是说茶会的财力比什么都好，东西被钱给包了，用心的力量是之后的事了。有钱的人买得起器物，并不保障那样的人会立刻成为“茶”的理解者。而且有着眼力的人并不意味着什么。不，在许多情况下（不包括全部的场合），有钱的，与真正的茶人是难以统一的。基督教说有钱人要进入天国，如同骆驼穿针眼那样，基本上不可能通过，富人有富人的优点和缺点。前者是物质上是强者，后者是心理世界是较弱的。有钱在清静者中间是难以存在的，因为从根本上来讲，茶之道是精神性的，故与之因缘较远。出席有钱人的茶会，总是感到其拥有的方式之浮夸，使用方法也华丽，涩味等容易丢失，显而易见财力会有骄傲的地方，或者有自诩伟大的工作态度和谈吐。令人不快的东西有很多，枯淡之佳境成了非常遥远之物。为什么会变成这样，第一是因为茶会以财力为基础。有财力不一定是坏事，只是成为最大的基础时，希望深奥的“茶”是无论如何也不会发生的。有钱人的“豪华的茶"，有很多财力、权力方面的"茶"，一旦成为这样的"茶"，"茶"的归趣就不会有。

而且看到一个讨厌的事情——媚谄富翁和客人的茶人，对实在了不起的"茶"感叹。有钱就有阿谀奉承者，经常出入道具店的就是这种性格的人。这种现象可以说是伴随着全部财权的宿业。"豪华的茶"只限于有钱者，与深奥的茶会机缘太少了。如果没钱，就不会有这样的茶会，本身有很大的缺陷。据说丰臣秀吉曾建有金色的茶室，使用了黄金的茶具，悲伤的是这正是他可怜的一面。这是以前的事了，在美国举办日本美术展时，展出过一套来自日本的银制茶具，就成了笑柄。商品就是商品，但选择商品的国家的办事人员真是马虎。

本来贫穷的话，进行"茶"的仪式是不可能的吧。然而，普通百姓对足够好的"茶"应该可行。并非没有名器就没有好"茶"。眼到的话，在没有落款的产品中，也能充分选出好的作品。如果从心里加深朴素的"茶"，则能够充分沉浸在"茶"的世界里。"茶"不为人类的阶级所左右，适度的生活者反而会在出生的境遇中存在得较好；极尽奢华者不见得活得好，前者才是更好的生活。奢侈伴随着多种危险。"豪华的茶"却是精彩的"茶"是非常难的，平凡的"茶"是否更容易出现"茶"的光辉呢？大家知道财力是屡屡左右"茶"的阻力。有钱的人并非不能成为精通茶道者，但这实际上很难，大多数人都易以俗人告终。风流者的金钱观恬淡，至少不会依附于财力。茶人在哪里都可以脱俗，茶人和有钱者结合必然是很遥远的。

这样一想，将来的"茶"若为"茶"，应该从金钱中解放吧。只要"茶"期待"豪华的茶"，就应该知道是很难成为深刻的"茶"的。

“茶”应该有更多的自由，普通的“茶”可能是充分有诚意的“茶”吧。“茶”亦是“民之茶”吧。

名器当然是高价的，使用这样的高价器物的资格是金钱在起作用吗？ 名器受阻于至今仍然是著名的器物，因而是不自由的。 值得感谢的是，初期的茶人们没有见过的美之器物，在这个世界上还有许多。如果有那选出的力量，就有与名物匹敌的便宜佳品值得买，而且这不是很难的。 与财力相比，眼力的方法一直是优秀地起着作用，这在财力上无法做到。 如此，就能充分从过剩的奢华中拯救“茶”。 我只要用适度的财富就足够了，“适度”是指普通的程度。 财富的余裕不能弥补心的余裕，只是若太过贫困，就把心的余裕关闭吧。 这个不幸是远离了“茶”之缘，同钱的余裕也会玷污“茶”一样。 任何阶级的人都能够得到“茶”，中间位置的人得到的实惠最大，这就说明大多数的人能够与“茶”深深结缘的原因。 无论怎样，“茶”都是一般人的“茶”。 没有钱的人不可能拥有“茶”，有钱者会拥有最漂亮的“茶”，这样的想法是一大谬误。 有必要知道，有钱人与真正的“茶”相处，往往还有许多困难的畏惧。 茶境拥有简素之德，与之结缘是很深的。 奢华与这样的德行是很难一致的。 万一有有钱的、优秀的茶人，那样的人大抵将“茶”与财力不相交，只将财力推至次要吧。 以茶为“茶”，还有其他的东西。 最好意识到依赖财力的“茶”之病症。

十一

在民主主义的今天，最值得诅咒的是封建制度。 不说封建主义的一切都是罪恶的，但现状却有着诸多弊端，企图将其打破的让人感到历史的意义。幸好颠覆了多个方面，但其中仍然有人固守着旧习，在日本的社会里似乎有两只大手在起作用，至少也有两个封建主义的典型。一个是以真宗本愿寺所见到的以东西大谷家为中心的法主制度；另一个是以威权，特别是表、里两千家为中心的封建制度。关于前者，要在他处讨论，在这里以掌门人制度为讨论对象。现在的茶道是个不可思议的威权中心主义，掌门人的威严宛如茶界之王一样起作用，其存在带有极端的贵族性和封建的性质。为什么真的很感谢权威呢？因为他是利休的后裔，所以不胜感激。因为连绵不断地影响传统，继承秘传者是值得尊重的。因为茶事上的巧者，有时还会传承好的茶室和良好的茶具。又，因为更多地保存着点茶的型吧？

法主和权威有一个共同的特质，就是代代世袭。但是世袭者中，谁能保证比任何人都是更正确的茶人呢？从根本上就是无理的事实隐藏在这世袭的制度之中。为什么继承家学者不一定是继承常法者？其中，有仅仅因为出生于千家，就在世上以教茶为生的人吧，也有不懂“茶”的，还出现了对美的完全盲目者。况且也出现了完全不知道如同禅一般深奥的茶道者的浅薄的痕迹。生于千家者绝不是一流的茶人，不，大茶人绝不可能司空见惯地出现。那样的话认为世袭的掌门人是无价的，这不是可笑的事情吗？无视这样的明明白白的事实，给予掌门人神一般的待遇，还有别的理由，在这里能看到封建制度的典型的弊端。

有趣的是“茶”是专利制的事物，要成为一个出色的茶人，还能教“茶”，是需要客观“许可”的保障的，专利权由掌门人掌握，手中有专利权的才被称作掌门人。 全部的千家继承者本不应该有那样的权威，如前所述，没有拥有茶人资格的都是俗人。 所以这种事联系不上权威，为什么呢?

一看现状，基本上全部都是经济性的组合。 权威凭着专利证也能够生活，以世袭的专利来确立自己的生活。 如果没有持有专利也不能专心地教学，茶人迫于生计，建立这样的权威制度是方便的，是所谓经济性的双向互食的制度。 这也带来了许多的弊端。

确立权威，也就是确立自身。 家主之人活用之，以在某些场合获取合法收入。 茶会寻求大量的会费就不用说了，箱书啦，鉴定啦，款项的上和下的金额应有差别。 如同以前天主教都开卖了赎罪券，现在的执照以及与之相似性质的东西都陷入了买卖。 有钱能使鬼推磨，现在的茶界，金钱的力量何其多也。

千家有十种职业，能够制作茶器，如今也不过是全面的经济性的互惠关系。 任何工人的独创性工作及开拓都不是工人自身的名声，那十种职业只不过是推销千家的招牌。 今天看到的东西真是太陈旧了，不过是一种独占性企业一样的东西，添加箱书到无聊的作品上，很不像话。 这是为了让从事这十项工作的人，承认自己是作为精通茶道的人而存在。 如此名不副实的不合理之处在社会上盛行的原因，完全出于经济上的理由，除此之外没有别的理由。 如前所述，千家的人未必是大茶人，就是十种职业的人也未必是大家名匠，就像是在说梦话一样。实际上茶人也很迷茫，作为工人的无聊者很多。 例如，现在做的“乐”，实际上是平庸的作品，却具有很高的价值，真是不可思议。 这是千家及其周围，人为的权威而已。 这样的茶道组织能够依赖吗?

茶道早就应当从封建制度中解放出来。我的想法是，如果家主制度能够持续的话，应当中止世袭，而严格地遴选后继者；若是继承家主，由一代茶人选举确定为好，名实相副者应该成为后继者。家主必须是真正的权威，这样就会避免用金钱来买卖执照。专利权应该授予实际上能够体悟茶之精神者。谢礼也不应该有不当的性质，现在执照的收受者、贩卖者、购买者等太多了，对此还是以严格为好。

过去，盘珪禅师对一般的庶民以“平话”进行说教，但对能够继承其法的僧侣们是极为严格的，不可通融是为了保证禅宗的命脉。禅宗在选择法嗣时是严格的，绝不依赖世袭制度，弟子进入寺庙里修行不是件容易的事情。茶道也应如此，用金钱获得执照的轻率的事情是不对的。道元禅师的《正法眼藏随问记》，掌门人应该放在左右经常阅读以自诫。

又，受教者不能重复那种迷信掌门人的不明智的做法，不管他是谁。金钱能买到任何东西，但不应该是非甘心情愿的不彻底行为。若是不能脱离经济性的桎梏，“茶”就得不到净化。这样的时代茶人还应该一如既往地固守封建制度吗？如今家主制度的弊端已经凸显，这样的毛病何时能够痊愈，“茶”才能取得辉煌的发展。

十二

有钱的茶人家里，基本上都肯定会出入道具屋，这是他对茶事的照顾。去道具屋不是坏事，他们在选取茶具时的待遇都是便利的。但作为商人，也产生了各种杂质，让“茶”的活动产生了不适宜的东西。有钱的买手是很重要的，所以道具屋无论如何都要巴结。为此，屡屡扮演帮闲者般的角色。而且商人往往被生意所祸及，心地清澈的人较少，器物之美也是从生意的本位来看的，正常的看法很少。就因为如此，介于道具屋之间的茶事的气息是混浊的。而且，主人即便是在道具屋徘徊，也不可能有一看就好的物品，这种情况是很多的。

但是不能说商人全都是坏的，其中也有风度极佳的商人，不能贬低全部的商人。然而商人，特别是古董商，越来越多地容易向不纯的交易倾斜，提高人格的纯净之机缘是单薄的。这种商人参与进禅茶一味的世界，无论怎样混浊都是难以避免的结果。

谁都会注意到日本的茶具的价格绝对是病态的，绝不是物品所对应的正常的价格。主要是因为商人的手中把握着价格，很多场合是奸智的商人根据商品的行情进行拉升。悲哉，买手只能跟从。毕竟买手从来都是大量出现的。

对这件事，不能光一味地攻击商人，这是因为买者自己没有见识而带来的惨剧，特别是有钱人没有眼力时，以什么作为标准来买？商人有两种手段。一个是利用人们认为高价就是佳品的心理。商人绝不是盲目的。以低价卖不出，却以高价卖出的情况屡屡发生。买者一旦无知，就会以高价为美之标准。第二是商人的雄辩般的解释。一旦被问为何值这样的价格？就会跟着买手的思路去思考。这并不一定是谎言，只是大多言不副实，特别是以商卖为目的的，难免有介乎于不纯的说明。然而，如果买手没有自信，这样的言论一定会造成较大的影响。同样，认为道具店不推荐买的物品是不值得买的，所以不买。悲哉，多数的买手水平在道具屋之下。之所以道具屋上蹿下跳，是因为这样的倾向很强，现在的“茶”不被道具屋介入的很少。我在许多情况下不欢迎的茶会，是没有茶人主见的“茶”。何其悲哀！自主的“茶”，已经没有生存之地了吗？

我认为现在的茶人们是没有主见的。对你们各位来讲，大概都无限感谢家主，或在道具屋徘徊，或是只认价格高的佳品，或是肯定箱书是重要的，或者认为“千家十职”的物品都是正宗的。但绝对不是用自己的心与眼为主体进行取舍的，为什么不主动地提高“茶”的品位呢？是因为完全没有那样的力量。如果茶人们的自主性的“茶”行得通的话，“茶”的悠久的历史会得到发展，并且能够为美的世界作出灿烂的贡献。茶人希望得到茶人的权威肯定。什么时候起那些权威的大部分向大道具屋转移，倒是个有趣的事情。

道具屋在“茶”的历史上是有贡献的，但是同时也必须负起把“茶”搅浑了的责任。不，更应该负责的是毫无主见的茶人。要做好茶人，就要有见识、有眼光、有修行、有体验，要比商人高出一级、两级为好。应该让茶人返回道具商，要引导到正确的方向。无权威者还能被称为茶人吗？

十三

大体上，能够寄心于“茶”的人，必是从心底里对美之器物关注的人们。那么，他们使用的产品全部美丽吗？这种情况几乎没有。如前所述，他们选择的茶具是没什么大不了的，在茶会上为我拿出来时，大概会有无聊的茶具出现，这样的一一拜见是愚蠢的。虽然眼睛看见名器偶尔会驻足，但接着会继续走在索然无味的物品面前。这件事以前也写过，但还有另一种根本性的毛病，茶人中没有犯过的人非常少。下面就讲一讲。

在茶室进行茶事是必然，可一走出茶室，家庭的生活、平时的起居间、可进入的厨房，大体上有很多与“茶”之心无关的东西。那里与茶室装饰等大约无缘，能看到很多世俗的生活。每天的生活都与茶事有关，但是在茶室之外就与之无关，茶室是完全没有必要的场所，与生活成了矛盾的问题。例如，出色的茶室中会有相当的茶器和茶叶，用于款待客人。用的东西都展现出侘寂的味道，在和式房间中挂着的也是禅僧的墨迹，这样就说明了禅茶一味。可离开那样的茶室，在客厅中，这次拿出了粗茶，在这个场合使用茶壶、碗、茶托、盆和盘子，是将全部茶之心都放在里面吗？所谓的“茶器”，大概的情况并非理想。很多一般的东西混入世俗的东西之中，起居室里选用的柜、桌子、文具等，都不是精心挑选的东西。地上的装饰品等，满是再也不想看第二眼的雕刻。卷轴画等低水准的东西也很多。茶室里的“茶”很浓，可日常的生活使“茶”味变得淡薄。厨房所用的缸、盆、柜、药勺等无所谓的情况更多，这些作为茶人的生活，会产生矛盾吧。

在日常生活中不使用名器为好，因为不可能也不需要。但是“茶”给予了我们一个美的标准，什么都按这个标准整顿为好。如果是真正的茶人的话，就可以在每天用的物品中来选择好的物品了。仅在茶室使用合乎茶意的器物，“茶”的追求是很弱的。

今天的“茶”只是茶室内的“茶”，往外走一步，“茶”就会消失，“茶”是怎么了？我的考虑是，茶室就相当于一个道场。在这里修行的诸位，将从日常生活开始深入，茶室的“茶”才能活起来。不，在某种意义上就是日常的生活才是重要的，这不是茶的生活之基础吗？若不如此，茶室里的“茶”就成了谎言了。信者难道只是在星期天去教堂进行祷告，其他的日子里没有祷告这一说吗？行住坐卧的祷告，就是星期天的仪式教给生活的吧。茶事以茶室为好，在其他房间里也要延续其精神。绝不是所有的房间都有必要改为茶室，以贯通茶的精神为好。生活与茶事基本上是不可分离的，今天许多的“茶”都是谎言。只要有这样的谎言，就称不上是修习“茶”者。只有在茶室里完成茶事实在令人困扰，我想日常的“茶”与没有茶室的“茶”在意义上好像更重要。之所以可靠是因为与茶室的“茶”是同样的东西，只在茶室假装体面是茶道的困窘。不断地有人为茶人找回脸面也好。“茶”难道不应该从茶室内的“茶”中解放吗？

十四

如果能理解茶事的话，总想做的事情之一就是制作茶具。大约了解“茶”的信息，熟悉茶具的约定后，就燃起亲自开始制作、监督制作器物的欲望。令人吃惊的是，几乎是哪个窑场都能够看到茶人七嘴八舌地指使别人烧制茶具的情景。但结果是怎样的？我这个走遍各地窑场的人看来，这爱好茶的介入，已经毒害到窑及其产品。好不容易烧出了漂亮的民器，却被强迫改烧茶具，还迷信如此能提升窑场的水准。但是真正的茶具是不会用那么简单的程序来制作的。

陶器（其他工艺门类也是这样吧）不是外行人能够做得了的，制胎、釉药、烧成及其他，需要各种专业知识和体验，对茶事的心得，不能够直接成为烧制陶瓷的资格。从旁边嘀嘀咕咕订购的话，在工作方面是不容易被接受的。大概在窑场尝试烧制茶器都有浓郁的外行气息，这似乎应该是自作自受，结果是必然的。何况对茶很熟悉的人，不一定是能发现美的人。出现的时代末期软弱无力的趣味性的东西有很多。茶人未必是作家，或者是工匠。这些人带一些茶器去窑场烧造，是僭越还是愚蠢？让人实在为难。我知道某陶瓷的学者指导窑场的案例，创造的物品毛病是严重的。没有内容的事，不做就好了。即使去认真投入全部的工作，将全部身心放入了陶瓷业本身，陶瓷工作也是不易完成的困难的工作。稍微有点茶心和知识又能有什么力量呢？在各处窑场中所谓的茶器越看越难看。里面甚至有些窑场完全不行了，如有名的伊部烧[7]，因患不治之症，如今基本上看不到其产品了。茶器如果像以前一样归于杂器的话，就会像过去一样一直生产出好的器物。

诚然，毒害日本窑场的因素是茶之趣味。原来，初期的名器绝不是从茶之趣味出发而制作的，有必要敬畏实用杂器的事铭记在心。并非所有最初为茶而制作的器物都不能成为茶器，但可悲的是茶之趣味引导的做作的工作已终结，要达到无心之域是困难的。唐代的茶罐也好，朝鲜的饭碗也好，基本上都是杂器民器，最初绝对不是茶器，历史是不应该忘记的。

因此在日本的窑场徘徊，来到传统制作纯粹的杂器的地方，能够找到很多真正的茶器。那些杂器与早期的茶器有许多相似之处，不是茶器也能拿来当作茶器使用。那些漂亮的杂器，即可用作茶器的佳品也没有产生茶趣味，这就是各地民器告诉我们的事实。

茶人们哟，你们绝对是外行的朋友，好好反省你们没有让人烧制茶具的资格吧，如果烧的话，必须全身心投入。即便如此，这样的事也不容易，十之八九，要有惨败的觉悟吧。为了你们的愚蠢介入，我亲眼目睹了日本的窑炉被毒害，我必须发出这个警告，廉价之态度和立场是不会产生名器的，日本多数的陶瓷如实地反映了茶之病。有必要将这些耻辱暴露而后进行自省吧！

十五

《临济录》中有“无事是贵人，但莫造作”。这样的语录，作为茶人的座右铭为好。毕竟“无事之美”是茶美至极，除此之外没有办法。井户茶碗之美，是这样的无事之美的表现。这样的无事，要是改为别的单词，就是亲切地教诲我们“不做作”。“茶”的禁忌是“做作”，即“作为”，“茶”要回头取向正确的性质，然而将茶禅一味放在嘴上的茶人们，在临济禅师的教诲面前，仔细反省自己的人是如何之少呢？之前也提到过，以做作的礼法和风流自居，徒劳地将情趣嗜好凝聚起来，往往近乎无聊的笑话，不过是最近的做作吧，在这样的地方是没有“无事之茶”的。见到最多的是后来的茶器，如“乐”所表现的故意歪斜的形状，或碗壁上的坎儿，或用篦刀刮出的残目等，精心用了很多技巧。如此被误认为是雅致，从茶禅的立场来看，凡性归一，做作就是做作，与无事有天地之别。这些茶器越是风雅就越错误，后代的茶人们都是盲目的。

在“井户”上所看到的歪斜和疵点、肌理的胡乱排列，都是自然形成的，绝对没有任何人为的痕迹。“井户”是地道的杂器，与“乐”的性质相悖。“井户”的歪斜与“乐”的歪斜，可以说是“无事”与“有事”的对比，其间有着根本性的差异。能够看到这一点的茶人是很少的，这是为什么？因为这样的作为之病，已经渗透到“茶”之中，叫作“病入膏肓”。“井户”的美是“无事之美”，在其茶碗上已经做出示范，但却对制作有事的“乐”时有所期待，这是某种错觉吧。今后还不知道，但不管怎样在“乐”上都没有无事之美，就算有名的光悦也做不到。茶道与临济宗有着特别浓厚的缘分，却辜负了其祖师临济的教诲，执着于有事，沉溺于做作的“茶”，作什么祟呢？“茶”应该是“无事之茶”吧，不然，“道”怎么能够显现出来？以什么样的面目在墙上恭恭敬敬地挂着禅家的墨迹而逃避呢？举行茶事，必须是以“无事”为准则。始终是“有事”的“茶”是绝对算不上是“茶”的。

因此说，我所谈到的绝不是杂器才算是茶器。立于个人意识的陶器，并不可能得不到茶器的位置。只有一条苦修的道路，因而不容易到达无事的区域。能达到时，其杂器的性格能够从做作中解放出来并被发现。

无事一词，若能够换成自在与无碍的词汇是最好的。如今的“茶”就是如此不自在，意图被囚禁，雅致被捕捉，沉溺于作为，落入金钱的陷阱，哪里也没有显示畅通无阻的境地。但是，原来的“茶”也许不应该是不自由的。为众多茶人尊崇的井户茶碗，看不到从无碍的境地产生的痕迹。现在很多的茶人都会崇拜“井户”，但如果能体会到无事之美的话，我想他们会反省自己的茶事然后无地自容吧。前几年的大名物“筒井筒”以数百十万元卖掉了，这不是能看得到的美的价钱，只不过是局限于名气的价格，就连“筒井筒”自己也没有想到会如此吧。何处能够清楚地看到“无事”？“无事”的推行不是茶人的工作吗？为了茶道重获生命力而不停地寻索，超越一切的病痛，必须再造健康的“茶”。

以上我列举了“茶”的很多毛病。虽然有人认为是某个时代的毛病，但恐怕没有比现在的时代更严重的了。已经是病入膏肓难以治愈了，正因为如此，若不加以改进，迟早会受到世人的嘲笑，被时代所抛弃。“茶”的历史是功过相伴的，有着辉煌而深奥的一面，同时也有黑暗而又愚蠢的一面，这一点是显著的。特别是封建性已经成为“茶”之癌，如不尽早手术就会离死不远了。那些徒然感谢千家，用金钱能够买到宗匠的位置，为型束缚而死，看到愚蠢的茶器能够认其为美，对其他有什么美的产品视若无睹，因茶事而成为巧者就认定是出色的茶人，或者自命不凡，觉得有钱能办“豪华的茶”的人，愚蠢透顶。如同将茶禅一味放在嘴上一样，像宗教那样，应该进行怎样的修行是值得思索的。今天的“茶”基本上已经离开了禅，耶稣尖锐地说过“若不再投一次胎的话”，这句话被回想起来。

大体上，茶道可以说是一种美的宗教。东洋，特别是日本的发达的美之意识与佛法相结合，发展成为世所罕见的道。作为日本拥有的东西，是给后代的巨大的遗产。给我们的任务就是让它健康地发展与养育吧，必须治疗其众多的毛病，必须下狠药。我的这篇文章也许是治疗的良药吧。

《心》昭和二十五年(1950)三、四、五月号

译注

[1] 野狐禅，禅家以外道或学道而流入邪僻、未悟而妄称开悟者为野狐禅。《五灯会元·卷三》载："师每上堂，有一老人随众听法。一日众退，唯老人不去。师问：'汝是何人？'老人曰：'某非人也。于过去迦叶佛时，曾住此山，因学人问：大修行人还落因果也无？某对云：不落因果。遂五百生堕野狐身，今请和尚代一转语，贵脱野狐身。'师曰：'汝问。'老人曰：'大修行人还落因果也无？'师曰：'不昧因果。'老人于言下大悟，作礼曰：'某已脱野狐身，住在山后。敢乞依亡僧津送。'师令维那白椎告众，食后送亡僧。大众聚议，一众皆安，涅槃堂又无病人，何故如是？食后师领众至山后岩下，以杖挑出一死野狐，乃依法火葬。"后以"野狐禅"泛指歪门邪道。

[2] 喜左卫门，即喜左卫门井户茶碗。

[3] 坂部，即坂部井户，日本大名物。朝鲜茶碗，名物手井户。由坂部三十郎持有。之后在土岐伊予守赖殷身边时被称为高圆井户。之后传到若狭伯爵酒井忠道家，大正十三年（1924）时买家竞标是71910日元。

[4] 宗及，即宗及井户，日本根津美术馆收藏的有名茶碗。作风刚健，有着井茶碗的风格。是小堀远州的形状，深深的碗身和高台上的梅花皮很漂亮，是一个味道很浓的茶碗。众所周知，被称为宗及的井户茶碗至少有3只，据说都由堺城天王寺屋的津田宗及所拥有。

[5] 了入（1756—1834），日本江户时代中、后期的陶工。乐家九代，八代得入之弟。本姓田中，名喜全。幼名惣次郎，后改名吉左卫门。明和七年

（1770）继承家业，制陶 60 多年。 因天明八年（1788）的大火，长次郎所存的陶土或印全部烧毁。 宽政三年（1791）制作了乐家的系图“聚乐烧之传”。 文化八年（1811）剃发后，由了了斋赠予一“了”字叫了入。 从 15 岁到 33 岁的作品叫前作，印叫火前印；到剃发时为中印，之后直到逝世用“乐”字的草书印，叫草乐印。 63 岁时从了了斋处获赠玩士轩的匾额，文政二年（1819）与旦入共同从事纪州家御庭烧，是乐家中兴的名工。 天保五年（1834）9 月 17 日去世，享年 79 岁。 曾模仿三代道入的风格，巧妙地使用刮刀，红釉鲜明，手感轻巧，特别是黑釉鲜艳润泽富丽。还有，黄色的胎土上浮现出脱模的纹样，分别挂釉是了入的创意。

[6] 箱书，指装有书画、陶瓷等物的包装箱，在装入茶器类的箱盖、挂件箱的盖或里面，写有装入器物的品名及其作者、笔者、茶人等的名字，也叫书付。 一般的是墨书，也有漆书、莳绘的字形的情况，以及另外贴纸的情况。 作者自己的箱书叫共箱。

[7] 伊部烧，日本冈山县备前市伊部地方生产的陶器。 备前烧之一，代表性的器物。 不使用釉，而是将混合有铁成分的化妆土薄涂，涂上光泽，烧成黑色。

利休与我

考虑到利休太有名了，所以这种题目不看也能理解，而且是自己引发的，所以有必要请您宽恕。 但实在有必要谈一谈，于是就一笔写了下来。

去年，在东京民艺协会的全国大会上，谷川彻三[1]君作为来宾致辞。 他在发言中谈道："柳先生的名字是可以与晚年的利休和远州相比的。" 人们传闻的是前几天胁本乐之轩[2]在国立博物馆演讲时，也谈到了"柳先生是一个可以与利休比肩的人"。 实际上之前也偶尔会接受令人畏惧的赞辞。 话说回来，最近正好有北川桃雄[3]的《古美术》的再刊第一号出版，称赞我与利休所做的工作比肩。

与利休和远州这样的历史上的名人比肩，我在感到幸运之余也会想到，之前的名誉不值一谈，但说实话，是要感谢的同时又有迷惑。 众多的美术评论家给出了这样的评价，这对我是好意，在这一点上是要重重感谢的。 又，自己反省和利休与远州的工作之缘的远近，也不至于被比较，实在是让我很为难。

或者说，我应该谦虚或贬低自己，与那样伟大的人相比是很惭愧的，但实际上并不是那种心情。 一般人的话也许会高兴吧，实在是不好意思，这么说似乎有些多余，但事实相反，我不仅不高兴，内心是不服的。我的工作有附带的价值吧，虽然完全是好意的评价，但实际上并不是高攀利休和远州，我也不觉得与他们为伍有多难得。有什么不谦逊的语言实在是不好意思啊，所做的工作不要停留在他们的程度上，是我暗暗希望的。

我并不是说这些茶人是无聊的人，他们对文化作出贡献的地方也不算少。恐怕像我这样一个平凡的民间人士，不可能得到像他们那样高贵的贵族势力，他们有才能的一面，也是我绝不可能做到的。他们得到了很高的评价也属正确，其实就是能够对审美文化有影响的人。特别是他们的“茶”，已经得到神一般的位置，有不少能够与他们一同流淌眼泪的人。所谓“利休型”“远州好（远州喜欢的）”等，已经成为美的目标。

但是，问题是对他们的业迹，我是否应该感到满足或倾倒？那么，他们的人格、他们的鉴赏力，是否也应该受到景慕？这些情况让我大起怀疑之心。所以我应该有不同的工作，想做的工作其实是很多的。

坦率而言，像远州一样的人物是无足挂齿的。今天被称作远州流派的也有茶道、花道，秘留下了各式各样的“远州好”流派。但是，那些个事物全都是爱好，其过剩引人注目，与正宗的美相去甚远。就算粗俗的程度不够，但感觉很早就堕落的事物有点多。茶道是功罪兼半，但是罪过很多的就是所谓的“远州好”，其中也有挖苦、装腔作势、变态、令人作呕的成分。无论他是个爱好趣味者，还是美的爱好者，都不能认为是正确的美的理解者。“达到了远州的程度”，这对我来说又算是什么名誉呢？ 为了夸赞我而举出远州的例子，这实在是没有看清我的工作呀。 只达到远州的程度是令人困扰的——这是我的全部感想。 所以被说像远州一样，实在是不服气，我的愿望是打破他所做的工作，再一次把美引到本来的路上。 我虽不成熟，但也并未打算将远州当作更远大的目标。

将利休所说的“茶”奉为神明的大有人在。 近来学术研究繁荣，从一开始就盲目相信而无批判的人很多。 茶人暂且不说，甚至还有很多学者，真是太让人为难了。 桑田忠亲[4]先生的《千利休》是最初较为客观地叙说千利休的最好的著作，即便如此在看法上也有先入为主的成分吧，今后再加上更多的正确的批判不好吗？

我想利休是有大才能的人，其性格坚强、傲慢且自信。 正因如此，才把诸大名和武将推到此种方向上，把他们玩弄于股掌。 总之，在一代人中受到了欢迎，因为他是鲜明的有力量的人。 所以他的影响很大，今天的“茶”的存在是好是坏，他负有很大的责任，这也是苦闷的问题。

但是，通过这条路，千利休得到了那个位置，利休的生涯开始于辗转当时的各个权贵之门。 开始是为信长[5]服务，其次是侍候秀吉，在其他的诸位大名、武将和富商们中间周旋。 在那个时代也许是无可奈何的，但利用权贵来使用松懈的权力，他的生活已经有了不纯的东西。与其说他建立了茶的纯粹道路，不如说他利用权让“茶”繁荣起来，又利用“茶”进入了权门。 于是“茶”又被政治性、经济性地活用了。对“茶”的一世描绘，如果没有利休那样的才华是不可能了。 但是，也不能放过在那里出现的各种各样的混浊东西。

这样的“茶”绝不是“民众的茶”，往往要求权力和金钱的背景。不会忘记大名、武将、富商那些人，并且以此扩展“茶”。所谓的“侘茶”，是一种奢侈华丽的“茶”，主要是以财富和力量为主。但是，与权势结合的“茶”，本质上成不了“侘茶”吧。不管怎样，离佛教中所说的“贫穷”的茶太远了。利休认真地求道，却将那样的财力和权力踢到一边了吗？绝不会。他选择用“茶”讨好权力，或者说进而用“茶”夺得了这样的力量，为了权势和财力的他完全没有加深对净化“茶”之类的畏惧。当权势与富贵结缘时，“茶”总是会遇到危机。今天也是如此，没有比大茶人以金钱为目的的事更为可笑的了。不是说有钱不可以成为茶人，只是与宗教生活的情况一样，金钱有了相当的自卑感。在说明茶禅一味的场合，“茶”和权力以及金钱的关系是很困难的。拥有高价的茶具，不是能够成为茶人的资格。如今的“茶”，已经成为金钱所把持的“茶”，这不是正确的倾向。太阁[6]是一个表面粗糙却喜欢风流的人，有多少是真正明白美的呢？因为拥有满是黄金茶具的茶室而自豪的举动显得那样的幼稚。十年前，在美国举办日本美术展的时候，最愚蠢的，是从日本送去一套纯银的茶具。这样的倾向真是愚蠢，让喜欢日本的华纳（Warner）也感到困惑，实在是难为朋友了。称太阁为贯彻了禅味的大茶人实在是名不正言不顺，以他为对象，得到了社会或政治的地位，也许是利休所擅长的，但同时也不可否认他的“茶”是不纯之物。如果媚于权势，那么在民间建立的“贫之茶”与“平常之茶”，我想就会成为有违茶道的事物。“侘茶”离开贫穷，就不能成为纯粹之物。由于利用了金钱和力量，“茶”也普及了，不过，在那里早就有了“茶”堕落的征兆。现在仍有“茶”往往是贵族的“茶”之现象，应该从财力上放过茶。财力即使是不足也无碍，败给财力的“茶”连被称为“茶”的资格都没有。

从作为茶人的利休的生活来看，他那种帮闲的态度真是让人受不了。“茶”利用权力是好的，但是同时也必须是不获利的“茶”。我想，利休虽然是有手腕的人，但也不能认为他是人格上干净或高尚的人，倒不如说他是一个对世俗满不在乎的人。与此同时，他也毫不天真，是个厚脸皮的人。一边奉承着，一边又在心里嘲讽太阁等人的愚蠢，从留下的信中看得清清楚楚。然而与此同时他也不忘记利用权力。利休被太阁赐死的时候，其横行和傲慢去了哪里呢？社会上也感觉到这样的压力，他自尽时，同情他的人不多，想必说他自作自受的评价者很多。从最近发现的当时的人的日记中可以看出，利休的死因有两种。一是在大德寺的山门上挂上自己的画像，此事曾经激怒太阁；另一个就是“まいす”（maisu）。这份日记是在他自杀的那天写的，是在当时的人思考的基础之上的重要文献。“まいす”是“卖僧”之意，是辱骂商卖僧侣的语言。总之，称呼利休“まいす”，是因为他利用自己的位置屡屡行贿，在茶具的买卖中克扣了很多。利休有一种让人难以忍受的性质，这是让世人反感的原因吧。关于利休的死有各种各样的人述说了其理由，我从当时的人的日记中找出的这两条理由是最正常的。可以说利休被憎恶、赐死的因缘真是不少，毕竟，我不喜欢他的不间断地献媚权门的帮闲性质的生活方式。他终究不是个人格洁净的人，不是一个思想深刻的人，和如今的鲁山人[7]一样是个为人做事的好手，但是，最终还是一个俗气的人，是距离禅的心境太远的人吧。道元禅师在其《正法眼藏》中强调指出，“有道心而无名利”。也就是说，追求名利的人是不能进入山门内的。利休虽然学了禅，但却没有忘记追求名利，这不就是野狐禅了吗？我不想成为利休那样的人，所以也比不上利休。所以才说被与利休相比较，对我来说并不算一种名誉，感激但却困扰就是出于这个原因。

但是，我对带有好意的人的评语，从观赏美的好手这一点来看，我也许比利休更容易被人接受。利休果然是真正能够理解美的人，但作为很久以前的人，他的言行是什么都不清楚的，记录利休言行的《南坊录》流传于世，可是有的学者说是伪书。一读之下，有明显可疑的地方，这本书的可信度究竟有多高，让人不能理解。但为这本书进行长篇解说的是西堀一三[8]先生，他是当真书理解的，将利休说的每句话都赋予意义，说起来是无价的，但究竟是什么？在他面前如果有判断之路的话，利休所喜爱的茶具，利休经营的茶室，利休试图使用的器物，通过他的眼睛看都不一样。如今的茶人的大部分，都无条件地相信利休是最大的对美的理解者。我绝不认为他是个迟钝的人，不是不懂无聊之美的人。他是一个相当敏锐的人，同时也不用客气，他也是将可以宽恕的尺度运用得很灵活的人。但由他开拓的美之世界有多少呢？他爱的器物，有多么的具有独创性呢？诚然，“大名物”中有着众多的美之物品，在他以前的茶人，例如绍鸥[9]等已经认定过了。早期的那些茶器之美，只有通过他的眼力才能得以回归吗？除了他之外，其他人的眼力都达不到吗？结果，他热心地制作出了非自然的乐茶碗，又比得上自然的高丽茶碗吗？通过他爱用的器物，可以判断他在技术上是好手，然而是否只有他这一个好眼力的人？比他眼力更好者是否不存在？他的眼力是否出过错？这些都无法断言吧。他所左右的对物的选择，我认为并不那么惊奇吧。

众多的人在读了北野[10]大茶会的记事后，都会倾向于考虑集齐那些了不起的名器吧。原来如此，从现在来看，300 年前是丑陋、世俗的东西很少的时代。可以推测，在当时的茶具中，无论哪个都相当于个中佳品。然而，他们所爱的产品在种类上也不是那么丰富。过去的交通不如今天的便利，因而物品的交流也没有今天这样活跃。他们得到的看东西的机会，在现在的我们看来是相当有限的。现在的我们，不知道有多少看器物的机会呢。与原来相比，虽然现在丑陋的产品也多了，但更加清楚的好的产品也比较醒目。我们能够容易地看到来自遥远的中国、朝鲜和日本的产品，加之，西方的东西都能够方便地得到。更何况书籍、杂志等的插图和记事，能给予我们较多的智慧。这就意味着，我们与利休相比，能够看到无限多的美之物品。我们在这样良好的境遇中，难道只是停留在利休之眼的抱歉的程度上吗？诚然，现在的很多茶人一味地去追随千利休，真是不争气。北野的茶会上使用的器物，与民艺馆陈列的器物相比，后者的美之质与种必然是丰富的。因为出现在北野茶会上的器物只限于与“茶”有直接关系的物品，其范围是可知的。可是，我们却可以在大量的、广泛的范围内容易地选择出美的物品。但是，现在的茶人们对如此明晰的事实却不想承认。实在是不可思议，对民艺馆的收藏的价值有识者是如此之少。目前比利休所处环境要好很多，“茶”应该从狭小的范围内解放出来，可以列出许多能够自由选择的漂亮的物品，人们却不知道如何看待其价值。

我像这样非常傲慢地指出，利休爱的东西和我爱的东西相比较，我的丰富藏品是各式各样的。这绝不是骄傲，应该是因为时代的恩惠而产生的。如果利休生活在现在的话，绝对不会被以前所爱的事物所局限吧。如果他真的是有眼力的人的话，那应该是不会停止的。看到民艺馆的展品，会让心灵活跃起来，在那里找到大量的新的茶具吧。不，他可以理解形状更加不同的“茶”。

我绝不是把利休当成一个无聊的人。作为利休的利休应该得到承认，但也不能因利休程度的工作而停止自己的工作。300年以后出生的我，当然应该为了完成利休般的工作、利休以上的工作而多努力。何况他的人格榜样是可疑的事，真是对不起。诚然，至尽头的山峰还很远，只为了和利休相比而感谢实在是不争气。

所以，虽然将我的工作与利休和远州相比是出于好意，但让这些茶人们做的事业延续下去，对于我来说，意义绝对高于名誉比较。有谁能站出来说明柳宗悦的工作是截然不同的呢？那时我才真会感激涕零吧。

《心》昭和二十五年(1950)十一月号

译注

[1] 谷川彻三（1895—1989），日本哲学家。爱知县人。大正十一年（1922）毕业于京都帝国大学哲学科。昭和三年（1928）任法政大学文学部哲学科

教授。昭和二十六年（1951）任理事，1963 年任校长（1965 年辞职）。法政大学名誉教授。任地中海学会会长、爱知县文化座谈会会长等众多要职。广泛地加入世界联邦政府运动、宪法问题研究会、科学家京都会议。1975 年任艺术院会员。对歌德的人性和思想产生了深刻的共鸣，探究美的深度和高度，以及宗教性的地位，歌德将一切东西看作神，宫泽贤治（宫泽主任）从那里贩卖过来。他以“一生一本书”为宗旨。著作有《伤感与反省》（1925）、《享受和批评》（1930）、《生的哲学》（1947）、《宫泽贤治》（1951）、《人类的事》（1971）等。1987 年被选为日本文化功劳者。有《谷川彻三选集》全三卷传世。

[2] 胁本乐之轩（1883—1963），日本明治及昭和时代的美术史家。日本山口县人。本名是十九郎。曾随藤冈作太郎研习日本国文学，随中川忠顺研习美术史学。于大正四年（1915）成立美术研究会（后东京美术研究所），昭和十一年（1936）创刊机关杂志《画》（之后改为《美术史》）。昭和二十五年（1950）任东京艺术大学教授，兼任重要的美术品等调查委员会委员、国宝保存会委员。昭和三十八年（1963）2 月 8 日去世。有著作《平安名陶传》等传世。

[3] 北川桃雄（1899—1969），日本美术史论家。1924 年毕业于京都帝国大学经济部，后与白桦派文人交往甚密。1941 年东京帝国大学文学部美学美术史学科毕业后，于 1942 年担任共立女子大学讲师、教授，主要从事“日本绘画形式发展”等的研究。1956 年参加“雪舟 450 年纪念典代表团”访问中国，赴甘肃敦煌等地研究中国艺术史。1960 年、1965 年又两次访华。1968 年参加《世界美术全集》的编纂及解说。1967 年获日本佛教传导协会奖。著有《日本美术鉴赏（古代篇・近代篇）》（1942）、《秘佛开扉》（1944）、《敦煌纪行》（1959）、《法隆寺》（1962）、《古都北京》

（1969）、《日本美之探求》（1973）等。

[4] 桑田忠亲（1902—1987），日本东京曲子町（现东京都千代田区）人。昭和时期的历史学家，国学院大学名誉教授；日本书法美术馆审查员、讲师。昭和二十七年（1942）日本国学院大学国文学科毕业，获文学博士学位，进入东京帝国大学（今东京大学）史料编纂所工作。1945年退出公务员系统。从1946年起开始任国学院大学文学部教授，昭和四十八年（1973）退职后转任客座教授，昭和五十四年（1979）被聘为名誉教授。其研究方向为战国时代史以及千利休等茶人的研究，著书颇丰，其代表性著作有《日本茶道史》《世阿弥与利休》《丰臣秀吉研究》《千利休》《千利休研究》《日本武将列传》《日本合战全集》《桑田忠亲著作集》（全10卷秋田书店）等一百多册。昭和五十八年（1983）担任了歌咏会的首倡人。昭和五十五年（1980）获勋三等瑞宝章，昭和五十七年（1982）获淡斋茶道文化奖。

[5] 信长，即织田信长（1534—1582），日本尾张国（今爱知县西部）人。日本安土桃山时代武将、政治家。为尾张国古渡城主织田信秀的次子（或三子），被作为信长的嫡子培养，幼时即是那古屋城主。天文二十年（1551），在其父死后继承家业，与其弟织田信行（信胜）发生了家主之争，得胜后逐步收拾敌对势力，最终统一尾张国。在永禄三年（1560）与今川义元的战争中，以压倒性的优势兵力取胜而闻名于世。永禄十年（1567）剿灭美浓国的斋藤氏，翌年奉足利义昭上洛。拥立义昭得到将军职后关系逐渐恶化，元龟四年（1573）开始对其追剿。与武田氏、朝仓氏、延历寺、石山本愿寺等结成对信长的包围网。元龟元年（1570）的姊川之战大破浅井、朝仓二氏。元龟二年（1571）在火烧延历寺后，再次火烧比叡山。天正三年（1575）于长篠之战中大胜武田胜赖。之后，成功地控制了

以近畿地方为主的日本政治文化核心地带，使织田氏成为日本战国时代中晚期最强大的家族。后遭部将明智光秀背叛而魂断本能寺。生前官至正二位右大臣，获赠大相国一品泰严尊仪，大正天皇时追赠正一位太政大臣。

[6] 太阁，即丰臣秀吉在传记中的总称。

[7] 鲁山人，即北大路鲁山人（1883—1959），日本篆刻家、画家、陶艺家、书法家、漆艺家、料理家、美食家等。本名是北大路房次郎。生于京都府爱宕郡上贺茂村（现京都市北区）上贺茂，虽然是士族的门第，但生活贫困。幼年父母双亡，寄居在滋贺县滋贺郡坂本村（今大津市坂本）的农家。后为介绍这个农家的服部巡警的妻子收留。1887年时，由姐姐带着房次郎寄居在老家。在这个家里，因受到严重虐待，由邻居介绍给上京区（现中京区）竹屋町的木版师福田武造、富撒夫人收养。就这样，房次郎于明治二十二年（1889）6月22日成为福田房次郎，此后到33岁为止，约27年间都自称姓福田。10岁的时候从梅屋寻常小学（现御所南小、新町小）毕业。春天在京都乌丸二条的千坂和药屋（现千坂中药药店）做学徒。因偶尔看到竹内栖凤一笔龟的画和写着的字，并和竹内栖凤见面，对绘画的好奇心和热情一下子提高了。1896年1月辞去勤工俭学的工作，向养父母申请进入绘画学校，但因家庭经济问题而放弃。十四五岁的他用赚来的奖金买了画笔，开始我行我素地画画。20岁时，缝纫店的老板以房次郎的表兄的名义出现，通过他房次郎知道了亲生母亲的住处，虽然去东京拜见，但是没能被接受，就这样留在东京，立志要成为书法家。明治三十七年（1904），在日本美术协会主办的美术展览会上展出的《千字文》获得了一等二席的奖状，崭露头角。之后就住在这里开始了版画的工作。和亲生母亲登女的关系也有所改善。明治三十八年（1905），成为町书法家冈本可亭（漫画家冈本一

平的父亲、西洋画家冈本太郎的祖父）的弟子，之后在其门内留了 3 年。在那里，被授予福田可逸的称号之后，工作的订单比可亭还要多。 不久，他作为文书被派到帝国生命保险公司（现朝日生命保险相互公司）。 1907 年，自称福田鸭亭，从可亭门中独立出来。 次年结婚。 他把工作赚来的收入投入书法用具、古董、饮食中去。 此外，他还趁着工作间隙前往书肆，寻求画册、拓本等典籍，晚上埋头读书和研究。 1910 年 12 月，和母亲一起出发去朝鲜。 在将母亲送到京城（现首尔）哥哥家后，在朝鲜国内旅行了 3 个月，后在朝鲜总督府京龙印刷局担任书记，生活了 3 年左右。 1911 年，在京城待了不到 1 年的时间，前往中国上海与作为书法家、画家、篆刻家而名噪一时的吴昌硕见面。 1912 年夏天回国，开设书法教室。 半年后，被长滨的素封家河路丰吉邀请为食客，为他提供了专心致力于书法和篆刻制作的环境。 房次郎以福田大观为号，在当地留下了小兰亭的天花板画、隔扇画、篆刻等许多杰作，并且邀请了备受敬爱的竹内栖凤成为柴田家的食客，请求为前来拜访的栖凤刻印。 栖凤看中了这个徽章，向门下的土田麦仙等人介绍了这件事，于是开始和日本画坛的巨匠们交往，并逐渐提高了知名度。 1916 年，因长房长子去世，母亲登女请求他继承家业，继承北大路姓，自称北大路鲁卿。 然后开始使用北大路鲁山人的号（和鲁卿并用了几年）。 之后以长浜为首，作为京都、金泽的素封家的食客辗转生活，加深了对餐具和美食的认识。 此外，在内贵清兵卫的别墅和松松崎山庄也加深了交流，对料理也有所觉悟。 大正六年（1917），他与方便堂的中村竹四郎相识并加深了朋友关系，之后共同经营古美术店大雅堂。 大雅堂开始用陶器向常客提供使用高级食材制作的料理，大正十年（1921）成立了会员制食堂“美食俱乐部”。 一方面亲自在厨房里做菜，另一方面使用自己创作的餐具。大正十四年（1925）3 月，和中村一起在东京永田町租下了“星冈茶寮”，中村成为社长，鲁山人成为顾问，开始了会员制高级餐厅。昭和二年（1927），从宫永东山窑邀请荒川丰藏到镰仓山崎，设立鲁山人炉艺研究所星冈窑，开始正式的陶艺制作活动。昭和三年（1928），在日本桥三越举办星冈窑鲁山人陶瓷展。由于鲁山人的蛮横和支出之多，昭和十一年（1936），星冈茶寮的经营者中村竹四郎以邮件的形式宣布解雇鲁山人，离开了星冈茶寮，该茶寮在昭和二十年（1945）的空袭中被毁。战后，他过着经济贫困的窘迫生活。昭和二十一年（1946），他在银座开设了自己的直销店“火土美房”，也获得了在日欧美人的好评。昭和二十九年（1954），应洛克菲勒财团的邀请，在欧美各地举办了展览会和演讲会。昭和三十年（1955），因织部烧被指定为重要无形文化遗产保持者，但辞退。昭和三十四年（1959），因肝硬化在横滨医科大学医院去世。著有《常用汉字三体学习字帖》《古染付百品集》《春夏秋冬料理王国》《栖凤印存》《捏寿司的名人》《独步》等。

[8] 西堀一三（1903—1970），日本昭和时期的茶道、花道研究家。滋贺县人。毕业于京都帝国大学历史科，京都帝国大学大学院日本精神史专业。曾在大学院私淑于校内插花作家西川一草亭。昭和六年（1931）草亭发行季刊杂志《瓶史》之际，受草亭之邀担任编辑，负责日常事务。将杂志办成了由历史、美术、文化等方面一流专家执笔的特异杂志。在此期间从事《茶道全集》（全 15 卷）的编辑工作。在花道、茶道的潮流中寻求日本文化的精神层面，通过古书解读留下了研究业绩。传世著作有《日本花道史》《日本茶道史》等。

[9] 绍鸥，即武野绍鸥（1502—1555），日本室町时代末期的茶人。通称新五

郎，名为仲材，号为一闲居士、大黑庵主，法名为绍鸥。生于堺市的豪商（武具商或皮革商）家庭，为武田信孝之孙，皮革商信久之子。因武士武田新四郎的名字中有武田，故改姓武野。最初以做连歌师为目标，曾师从三条西实隆学习连歌，后向村田珠光的弟子藤田宗理、十四屋宗悟、宗陈等人学习茶道，最终确立茶道。曾在大德寺之末寺的南宗寺参禅，提倡茶禅一味。因敬仰素茶之祖村田珠光的茶风，提倡“简化器具的调配”，进一步简化茶道，使之平民化。在平民生活中追求自在，发现新的茶匙、吊桶、茶碗等的美。创作出四席半席、三席半席等小房间，设计了装有竹盖等的侘茶道具。得到了众多弟子，推广珠光的茶道。其中有后来被称为“侘茶大成者”和“茶圣”的千利休，门人还有津田宗以及今井宗久等人。虽然绍鸥的传史并不一定详细，但据说是若狭的守护大名武田氏一族，祖父仲清在应仁之乱中战死，父亲信久在诸国流浪后定居在泉州堺城，改姓武野。藏有绍鸥茄子茶罐、汉作唐物茶罐和松岛茶壶等名物。

[10] 北野，指日本京都市区西北部、北野武神社附近地区。横跨进京区和北区，地名是平安京大内里的北侧之意，据说，菅原道真在10世纪中期创建了天满宫祭，在太宰府天满宫建设的同时，也在此创建了全国的天满宫总社。天正十五年（1587）丰臣秀吉举办大茶会，每月25日在参道的两侧举办庙会。

读《禅茶录》

一

寻求《禅茶录》的古版本，已经是二十多年前的事了。最近再读似有所得，便将读后感叙述如后。

这个版本的作者明确记为“东都寂庵宗泽”，是居住在江户的人。其出版的书店也是在江户，是住在日本桥的须原屋茂兵卫[1]。但是作者是怎样的人？现在没有什么线索。但是从名字上推断、从字面上来看，我想是禅僧兼茶人吧。与茶因缘较深的禅僧多数是临济宗[2]的僧人，著者或许是洞门中的僧人吧。在“侘之事”一节中，“永平高祖也……请命”一句中使用了敬语。其在世的年代也不甚清楚，但在“数奇之事”一章中，引用了“悲夫，风流二字，已被尘世埋没百有余年”的句子；又因为有“茶以传统为家，其鼻祖更波及现在数世”的句子，反正是江户中期的人是不会错的。“鼻祖”指的是谁？常识告诉我们应该是利休吧，“数世”大约有四五代，基本上可以推断了。

这个版本屡屡为《南坊录》引用，同一书在贞享元禄（1684—

1704）时已经面世，但为一般世人所知还是再往后的事吧。所以说起来这个《禅茶录》，再早也不过是享保时所著的吧？或者说也可能是宝历时的著作。如此就能够确定著者寂庵的年代，是在西历 18 世纪的中叶。出版的年月是文政十一年（1828），也许是距著者之死不太远的时候付梓的吧。

我在写作本文之时，从熟人那里得知有寂庵的手写本传世。标题是《泽庵和尚示茶人记》，是一册手写本，幸好在卷末记有时间。写着“正德五未十月十一日幡龙庵于是写申候、寂庵宗泽”，表明他是正德年间的人，而且已经注意到关于禅僧的著作。通过《示茶人记》这个本子可以知道泽庵和尚的看法。

这篇《禅茶录》早就明示的题签，叙述了禅与茶的深切的关联。禅是茶的精神，离开了禅意就没有茶意，所以说茶应该是“禅茶”。于是，“成为禅茶的修行，旨在发现自性，直至不生不灭的心境”，这才是茶道的本质，是很明确的主张。

二

大体上在镰仓时代茶自中国传入，早就结下了深厚的佛僧因缘，与禅僧的关系特别深厚。就这样，茶道培育出禅道之心是众所周知的历史。因而说禅茶是茶的本体，诚然必须这样说。习茶如同习佛法，但由于世道变迁而忘却了禅意，更何况缺乏有志于以茶之汤来修行禅者，在观茶法与模仿方面，能够体得者极为稀少。在这末世之际，忧于其下落，《禅茶录》对当时的茶之汤而言是催促觉醒的一大著作。笔锋极为犀利，将“茶”之乱象批判得体无完肤。对《南坊录》的坦率批评也昭示着作者的见识。

诚然，对当时茶之汤的疾病来源反省，将其再次引到了纯正的禅茶中。从而列举出各种各样的毛病，同时还叙述着正宗的禅茶应该怎样，其主旨一目了然。这本书可以称为此种书中的第一书，是应该放在所有人座右的名著。（《茶道全集》漏掉了这一重要著作，诚然是不可思议的事。）全部共有十章，从下面的一些言论可见，其旨趣是明晰的。{这本书在本年［昭和二十八年（1953）］度春秋社出版的《茶》的卷末有幸被收录。}

“点茶写禅意，为众生，行改观自己心法的茶道。”（第一章）

“点茶是了解完全禅法的自性的功夫。”（同上）

“茶事亦……寄托于点茶的做法，是证得本分的观法。”（同上）

“只有深入体验茶器之三昧，才是观察本性的修行。”（第二章）

“通过茶器的体验观察本性，是教人以直接的坐禅功夫。”（同上）

“茶意即禅意也，故舍弃禅意之外便无茶意，如不知禅味，便不知茶味。禅味茶味，如果是同样的，那么一就是二，二就是一。”（第三章）

这些句子的所指是明了的，是了得自性，有助于观察本性，这就是茶事的重点。反之，茶就是自了的事，离开这个意义哪里都没有真正的点茶。因此，茶必然是“禅茶”，除此之外没有其他的茶。在这里说的茶是禅修的一种样式，又是观法的一种形式。也就是说，茶的修行是禅的修行，茶事即是禅事。可以说这本书是典型的好著作。

三

我曾试着以《茶之病》为题写过一文，如今在读了《禅茶录》后，我们共同指出的毛病实在太多了，茶的弊端从古至今都不曾改变实在教人吃惊基本上是站在同一条道路上，与之给予形式也许是使之从已有的道路上堕落的原因吧。禅就是禅，固尔为禅宗，不久就会堕落。走任何道路都难以躲避，这就是命数。所以，所有的禅都要打破禅宗的规矩，不立文字也不定仪式。过去一遍上人[3]发觉了道的错误，扔下一切书写的东西，只留下了“南无阿弥陀佛”的名号，这从禅意来看实在是清澈的行为。茶祖有着同样的洞察力吗？

那么，在《禅茶录》的十一个题目中，我对论旨大体上是没有异议的，特别是第三章《茶之意的事》可以说是名篇。只有一处需注意，是第四章《禅茶器之事》中多次提到的，著者是这样主张的：

“禅茶的器物不是美器，亦非珍器、宝器，也非旧器，而是拥有圆虚清净的一心之器。这样的一心清净之器才能成就具有禅机的茶，如果被看作有名的、在世上可赏玩的茶器是不珍贵的。”

“不应将器物以善恶论，而是将善恶的邪见断绝，通过实相清净的容器索回自己的心。”

著者说“一心之器”，作为禅僧及有志于修行禅茶的人，器物非指“作为陶铸”之器，当然是指“天地自然之器”“虚灵不昧的佛心”。因为只有这样的“本来清净之器”才能称为“宝器”，“古瓯陈器、非常之奇玩，何以为宝”，强调自己的器非物的本心。然而，作为物之器被称作"秽器"。专门拥有禅茶的功用，要"舍弃秽器，用本来清净之器替代"。又说，"因此，努力修行的话，下根也一定会接受善器的"。这里的"善器"，不用说是指清净的"一心之器"。只有这样，才能称为"宝器""禅茶之器"。原来不是指作为物的器。

大体上，被称为茶人的人，都会夸耀所谓的名器珍器，这样就为贪所囚，当失去了茶的精神时，寂庵的这些话，再加上清净的一心想要归于茶的忠告是必须的。执于物而忘于心则本末倒置，这难道是茶之道吗?

四

但是，像寂庵一样只在心中追求如意之器才是正确的吗? 如果归于清净一心，使用什么器具都可以吧? 若是不选容器的上下，只用其放入三昧，这就行了吗? 要考虑到，有悟性的话行住坐卧都是禅境，水石草木也可以说是禅界，无论什么样的器皿，如果使用其三昧的话，就会发扬禅茶之心。为此，寂庵说:"夫，茶的原意是不选择器之善恶的。"一旦去掉心之本性，无论什么样的美器都会成为秽器。但不管怎样的秽器，只要能抓住心性，就可以成为美器吗?

虽然对于禅与禅茶，每个人都有不同的理解，但后者无疑是在禅中加上茶。那么哪里有什么差异? 虽然有各种各样的观点，但我的想法是一定是在以器皿为媒介的这一点上，有茶的大特色。因而禅与茶是不同的，前者是信的世界，而后者则属于美的世界。在这一点上，信与美到底是不二的，现在就要接受这样的区别。禅与茶也是不二的吧，在那条路上，有各自的区别。 事茶必须在乎器物，其器物之选择不是无所谓的。 茶被局限于美的世界，只有美的器物才有成为茶器的资格。 因为茶是心的事情，故不管器的善恶美丑，就不会正确地看到茶的性质。 只是，不能不听切勿执着于物而把心忘了的训诫之声。 如果寻求心的清净，物也必然会寻求清净吧？ 发现物也是心的表现，则不能说物无论如何都好。

遗憾的是，并非所有的器物都被说成是美的。 如今，不如说多数器物是丑陋的，在这里选择茶器，即寻求茶器的资格时，需要怎样的取舍和选择。 在这里既然身为茶人，就必须要有选择茶器之眼光。 如果是任何茶具都可以的话，就等于放弃茶的立场。 不选择其善恶，只归于一心的清净，即使是禅也不是茶。 不可或缺的是，无论怎样的善器名器，如果为之贪婪，就只不过是乱心而已，这样就不是禅茶。 执着使心不自由，会将清净的本心沉下去。《禅茶录》作者的下面一段话是非常耀眼的。

“因此，在佛法中，以让人心动为第一破戒，若不心动的话就会禅定，不必做基于趣味的禅茶，这是极其讨厌的事……因为茶道之心动而产生奢华，因为使用器物心动而产生法度，因为风流要心动而产生喜好，因为自然而心动故产生创意，因具有满足之心而产生不足之念，因为以禅道心动而产生邪法。 如是，心动是诸恶趣之因。”（第三章）

这句话的意思是：诚然，禅道最忌动心，这句话值千金。 禅茶所忌讳之处在于，会执于物而乱于动心。 就这样，执着于茶器的善恶，悲叹执着于茶趣的茶人之多，其实真器在于心而不在于物。

五

但是，饮茶为何发展成点茶了呢？ 众所周知，有一种用台子的茶法，在其茶事中台子是必需的用品。 台子之美，我想是能够唤醒用于茶事之心的吧。 一般为了饮茶，茶碗是必需的，但这只不过是在饮茶的场合。 茶碗之美能够进一步诱发茶心，并由此展开了茶事的看法更加真实吧。 正因如此，只有对器物的感情，才是促使饮茶进化为点茶的动力。

所以，无法引起爱的容器，即丑陋的器物是不能成为茶器的，也不能再做了。 在这里要选择茶事的必需之器，无论是怎样的器物都行就不能称之为茶。 如果器物的取舍需要的话，那绝对是点茶加深了这样的需要。 茶器当然要求是美丽的茶器，丑陋的器物和茶事之间的关系不是必然的，那正好与佛法在清净心和我执之间无法一致是一样的道理。 在要求器物美好的同时，也在追求心里的清净。

因此，寂庵说“禅茶的器物非美器”，说起来茶器只在乎心，只是看到了一个方面。 当心之器和物之器一致时，茶事就是现成的。 在这种场合要求心净，寻求物美。 当心与物相契、净与美相结合时，才能说是开始了真正的禅茶。 因此，作为物的茶器并非可以是任何东西，也并非只清净一心就能成就茶事，要求一切的茶器是当然的美器，否则就不能用于茶。 心器与美器相重而进一步得到心器，美器与心器的一致将更加成为美器，用丑器是不可能进入茶事的三昧之境的。 那就算是禅也不是禅茶，禅与茶结合，必然要求是美器。 同样，假如茶与禅结合，就要求心灵的纯洁，这就是关键。

《禅茶录》为何将一切问题都归结到心来论述？ 为何要说物即是心呢？ 为何要将心和物一分为二呢？ 为何不把心的净化视为物之美呢？ 物之美中难道感觉不到心之净吗？

如果能看到物即是心、心即是物，也就看到了茶的全部。 寂庵在禅的立场上观察茶是很锐利的，但从茶的角度去看禅却有些迟钝吧？ 茶应该是“禅之茶”，同时禅也必须是“茶之禅”。 因此，无论如何作为物的器物的深度不可等闲视之。 茶人是如何寻求心之深度和物之深度的？ 因为茶总是通过物而发扬于心，通过心之物就活跃起来。 因此，在茶事中正器、美器、净器发挥着更大的作用。 茶事所用的器要取舍，必须严格。

所以，茶人必须具备相当的眼力，必须直观地发现美。 不可思议的是《禅茶录》的著者，有着炯炯有神的眼光，却找不到对美的理解，从而对物之器的叙述却是很贫乏的。 问题是出在他把一切归因于本心，却对物的兴趣薄弱吧？ 关于秽器写了一些，对于美器却只字不提。 不，他说美器不落实在物上，只在佛心上，但那样就不会进行茶事了，茶源自对美器发出的惊讶。 只要是“禅茶”，禅就意味着信与茶与美相连。 信即美才是茶道的本真。

六

可是，具有怎样资格的器物才能成为茶之器？ 所谓茶器之美，是指怎样的性质？ 毕竟，那是禅茶器应该具有的性质吧。 茶器之美是禅之美的具象化，具有适合禅意之美的物品才能成为茶器。那么，器之具象化的禅之美究竟是指什么？

所有的器物要想成为美的，与人类的情况一样，是“固有之美”发扬之时。所谓“固有之美”是指什么？在怎样的场合才会表露出来？当作者之心处于未被二元所缚的状态时，所制作的物品才会发出固有之美的光辉，也可称之为“自由之美”“无碍之美”以及“无事之美”。不为二元所缚，固有的性才能原封不动地显现出来。所谓“本分之美”或许叫作“自性之美”为好。物之美与丑，取决于其本性能有多大的活用。丑不过显示了被囚于二元的不自由。

当器物显示这样的固有之美时，我们在此才能找到其作为茶器的资格，只有这样，美浮现时才能得到茶器的资格。因为茶是禅茶，人类应该不仅是得到了真心，所用的器物还必须是显现本分之美的物品。所以茶与禅结合的刹那间，人的本分与器的本分也合为一体。无论是人类还是器物，只有一方面是不能成为禅茶的。

例如，美之茶器是值得吟味的吧，这自不待言，现在在这里说的美丽的茶器，指的是拥有“固有之美”的熠熠生辉的茶器。在这里谁都知道以“井户茶碗”为例是很方便的。“井户”为什么美？又有怎样的美？为何创造出美呢？为何会变得美呢？为何会作为当今的美之茶具呢？

最重要的就是能真正深入美的有眼力的茶人们了。他们不是在有名的物品里确认了美，而是在没有名字的物品上，发现了那样的美。也不是在绘画、雕刻之类为人所崇拜的艺术门类中发现了美，而是在被认为是卑贱的实用品的工艺品中，见到了深刻的东西。而且在所有的工艺品中最廉价、数量最多的民器之中发现了惊喜，即在最底层看到了最高的质量。这样的鉴赏在历史上还没有见过。茶汤显著地从这里发足，终于在这样的道路上开始成熟。那么有眼力的茶人朋友在那里看到了什么呢？感受到怎样的美呢？他们对美的性质说不定什么也没有意识到。他们真的面向直观工作了，然而那样的直观能尖锐地看出什么吗？我们的反省可以说明如下。

原本“井户”是李朝的杂器，作为饭碗制作的廉价物品。朝鲜没有饮茶的习惯，所以“井户”不是作为茶器制作的雅器。作者是当时的贱民，并未感觉到那样的饭碗的特别的价值。因卖价便宜，所以才能买到，不做作地在厨房和茶室中使用，也仅仅是使用而已。不是为了鉴赏，也不是为了展观，同时也不是得到名誉的产品。不是贵重的物品，也不是稀有的物品。只不过是再平凡不过的器物而已。然而，在这种状况下制作，意味着没有意识的烦扰，即持制作者之心，同时又有制作物的性质，意味着从二元的纠葛中解放。工人们是完全不拥有美的机缘的人，而所做之物因必须快速且大量地完工而便宜且不做作。“井户”有着怎样的美？基本上都是自然形成的吧，是远离专门作为的品物。谈不上充满了风情，也绝不会把兴趣放进去。又不是怕丑的器物，在这里做作和不做作都不是，实际上是不执于做作和不做作的意思。

以不考虑不做作为好，若是考虑了也不过是新的做作吧，真正的不做作是不知道做作与不做作的区别。例如“井户”的看点之一的“梅花皮”，只是削了个痕迹而已，是自然的状态。那样的美丑问题从一开始就不存在，之所以产生这一看点，是因为呈现出无量的雅致。功夫或自然，这是能不能成就美的茶碗的分水岭。在那里呈现的美对于丑来讲不是美，美丑相对的性质从一开始就没有。所以其本质，美丑以前的东西、美丑未生之东西都可以这样叫，这是一种不被称为美的美，这就是禅的“唯一”之美。是极其真实的物品、素雅的物品、自然的物品、眼前的物品、平常的物品、寻常的物品、无事的物品，这就是其性质。都没有执着于美的痕迹，都没有否定丑的痕迹，其间的二元纠葛哪里也没有，在发生这样的纷争之前就完成了。这样的境界才是“井户”的本性。

以上说明的话，均可判明“井户”的禅意使器物得以圆满。在那里是无碍之美，无可非议之美的存在。还有比这更具深度的美吗？直接用眼看到了这美的是茶人们，所以想与之亲密交往。茶的成立，没有有眼力的人，没有无碍之器，茶事怎么可能成功呢？要解开无碍之器的秘密，必须从茶人那里去体会无碍之心。在这里的茶要求是禅茶，无论怎么样的眼力好，茶具怎么样的精美，仅此茶就不是真正的茶了。但是同时，仅能体会得到无碍之心、无碍之器，也不能将其看作茶事。这两种事物的亲密交往才使茶有可能成立。

七

在谈到茶之美时，总要说到涩味与侘寂。“井户”为什么会得到那样的涩味呢？谁都会发现，“井户”都是素色的物品。为什么会是素色呢？没有其他的意义，只不过是廉价的必然趋势，仅此而已。素色是因贫困引起的姿态，可以称其为“贫之美”。托廉价的福，我必然会接受这样的美之恩惠。素色是最原始的样式，但是这样的无不正是东方的大哲理吗？原本就在这里的无，没有任何的否定，同时绝不是执于无的无。所以与有对的无完全一致，倒是包含一切过去的无。看过“井户”的人应该知道，素色中出现了无量的成色。如果不是素色的话，就不能包含这样的存在。美的极致是素色的原因。

“侘”是什么？《禅茶录》中，“侘”和“物品不足的样式”放在一起论说。这样的说明充分地浮现出“井户”的身影，只是随便地被制作的杂器。没有追求“足样”的机缘，或是用手粗糙地拉坯，或者是釉色，或者是焙烧，一点也没有满足“充分”要求注意的准备，所以完全的形式开始变得遥远。这是没有被完全所囚的做法。这样的解放需要“不足的样式”，即出现了“侘”的身姿，所以可以称为“不完全之美”，这是茶器的性格。但原本并不是为了不完全，只是碰巧是不完全的而已。完全、不完全的区别被超越。在那样的判断对立前即已经有了制作，所以自然而然地从完全中获得自由，必然会出现不足，这就是“侘”之趣出现的缘由。茶将其命名为“马虎的物品”，其深度值得赞赏。

茶喜欢说“数奇”，这句话是说“诚实之物不得不相具一定的体格”。另外也有“不如意”的意思，是奇数的，不是偶数的，暗示缺什么东西，因此“侘等于乐清贫”。在不足中知足的是数奇。因此当茶与财富结合变成豪华之物时，就不应该是风流的茶，茶总是有贫之心。《禅茶录》是戒律，是风流者、爱好者之区别的说明。趣味十足只不过是非常态的茶而已，茶是要寻求无事的。因此，茶之美必须是事情未起时的境地之美，这样的美使茶器的位置只赠给杂器。无贫意的器不是涩之器、侘之器，即不再是茶器。

在这个世界上有无数的茶碗，过去在做，现在在做，今后将继续要做。但是美丽深度超越“井户”的物品是稀有的，这是怎么回事呢？那是由于像“井户”那样在无事境地中制作的物品并不多，无事是临济禅师[4]所说的“无做作”。取名为“乐”者，至今还没有超越“井户”的实例。“乐”发端于作为，因此会滞在有事的场所，其情景只不过是一切意图的表现。所要求的是涩味，但追求涩味的尽头是华丽，然而“井户”是天生的，原本是无名的。也不知道是谁做的，从一开始就在与铭文无缘的世界中诞生，那不是带着趣味的茶器，也不是企图风流的器物，这才是无量的雅致产生的原因。“井户”是这样的杂器，所以才成就了一切都成佛的“井户”。

与之相比，“乐”混浊得很深。尽管尽量绽放其美，但其固有的美却蒙上了阴影，固有的美添加到“井户”之上应该会增加其美的程度吧。“乐”从其发端开始就已背负罪孽，无论怎样去伪装美，也会从做作中暴露。但是，并非“乐”就无法接近“井户”了吧，只是在不堪的苦修途中受到挫折就不行了。发端于做作而非做作，不是容易的技能。但是“井户”的道路不同，无论谁来制作，也容易留住无事之美。除此之外，不做作必然会产生涩之美。没有落款的杂器必然受到极大的恩泽。如果没有“井户”，茶就能成为深奥的禅茶吗？禅茶其具体的姿态是出现在“井户”上的。

八

茶成为深奥的禅茶时，会转到已然的美之法门中。茶道毕竟是美之宗教，茶与禅相结合，其性格会明朗起来。涩味与侘寂及风流，不会全部离开禅意。研习茶相当于研习佛法，茶之三昧与禅之三昧，是二又是不二。

众所周知，通向禅之道是自力道，因此对于所有的禅茶来讲，真理在于基于自力的看法。在茶器适用于禅意的才能是茶器的场合，贯穿自力的道路就会出现。然而有趣的是，习禅的人所尊重的茶器却很少走自力之道。实际上前文举例的“井户”茶碗，就是典型的他力作品。如果知道其性质，就能够明白和学习真理了。“井户”之美，是纯然的他力之美。作者都没有上过学，当时从事陶业者，都是卑下的民众。从自己那里得到力量，那种苦修对工人来讲是困难的。更何况大量生产的茶碗是习惯性的产品，那里没有个人特色的形状、颜色、釉等，只有对传统的直接依赖，才能使这项工作成为可能。根据窑场和作者的不同，成品也许会有些许差异，但如此之差异并不会成就其特色。作者个体之间的差异，几乎留不下什么痕迹，因此绝不是把那份工作寄托在自力的路上。对于材料也同样如此，坦率地接受了自然给予的恩惠，任何附加的也没有，因为交给了外力。这样做的产品很多，不多做就无法生活。即使是工作不急，也要把同样的物品制作好几万个。长寿的工人，恐怕一生中会做几十万个。这件事在做时一定是连做的意识都没有。与其说是他做的，不如说是他没有造物。如果知道这件事的话，自力之作应该怎么说呢？“井户”是依靠他力的“井户”，其美是通过他力之道绽放的花。

在这里意味深长的是，这样的“井户”的他力美，被立身于自力的禅家所崇尚并爱戴，但他力宗的佛教徒却没有注意到，不可思议的净土系的佛教和茶的缘故的历史是薄弱的。与之相反，禅家根据美接受了自力。

因此，过去没有人认为被崇拜为“大名物”的茶器里有他力之美。在这里值得注意的是，立于自力的禅僧，在他力的物品中发现了禅意。他们绝不会在那里讲他力性，恐怕也没有充分了解“井户”的制作方法。而且，从一开始就没有想去理解。然而却认为侘寂与风流之美，能起到充分表述禅的效用。因此，他们也许并没有想到所尊重的茶器，是依赖于他力的物品，这一点可以肯定。他们以“井户”为标本来制作“乐”，但绝不会把它依附于他力之道的方式做出来。“乐”是自力的陶瓷。

但是，这样的事，将他力性的物品收入自力性中是错误的，这样的谬误应该有所解决。这里的关键点，实际上最具他力性的物品与最具自力性的物品被说成一致的，所表现的这样的妙趣应该能接受吧。

我的想法是，“井户”通过纯他力的性质触碰到了终极，提高到不二之美的层面，进入了一个没有自力与他力之分的境界。因此，从自力的禅的角度来看，也是非常美的。可以说那是接受了所有的禅的表释。临济的“无事”、南泉[5]的“平常心”，都是产生美的母体。这件事不正是说如何将自力和他力最终归于不二吗？美是超越自他两道的，或者说二就是一为好。

九

在这里我想说的是，既然是用于禅茶的器物，必须是与心同样纯净之物、无碍之物。被污浊、停滞的物品等，怎么能获得茶器的地位？茶人是修行禅的人，同时也必须是会欣赏美的人，必须是既有心力又有眼力的人。

禅茶是根据心的取舍来选择器物的，心若浊则茶不能成为茶，丑陋的容器也使茶不再是茶。纵然不洁之器可以进入禅之三昧，那也不是茶之三昧。信与美是相悖的，因为心与物还没有协调。不见物只见心之茶，与不见心只见物之茶，哪一方都不是真正的茶。

寂庵看心很尖锐，但看物会更加尖锐吗？果真是看到了物心不二之境吗？他对只执着于物而忘于心的茶提出了极大的抗议，但是，在关于物之美极其暧昧的今天，谁会指示什么是正确的茶具呢？

《禅茶录》中应该加进以《器物之美的事》为题的一章，名器、名物对于茶之汤很重要，意义匪浅。浅薄之处在于执于名器而忘记心源，进而，名器的本质也被浅显地收取。名器是心之本分的具体姿态，何故不见呢？名器也不会离开清净一心的。“井户”如此对我们说。

不可思议的无名的贫穷的朝鲜人，在制作无名的简陋的饭碗时，心是自发性的无事、无碍吧，是本来的状态。在他们一字不识的“无”的制作的世界里，进行着制作。他们制作的“井户”，能够成为无上的茶器。

在这里我反复说，器物只有“纯净的一心”而不是物之器的话，那就是禅而不是茶了。什么东西都能拿来做茶器，这不是茶的看法。为什么适合禅法的器物，最初能够成为茶器呢？

但是同时，就算怎样是禅茶器，只要不是洁净的心之器的话，这也不是禅茶，只有当两者相结合时茶才成为茶之禅。所以随便的物品是不能成为茶器的，奢侈的容器、著名的容器未必具有茶器的资格，贫穷的容器、简陋的容器也不能成为茶器。只有无碍之美的物品才开始有被茶接受的资格。不管怎样都能成为茶器，或者只有用心整理的器物才可以成为茶器，这即便是禅也不能称为禅茶。

恐怕《禅茶录》的作者所叹息的，是夸耀值得骄傲的名器，却忘记心之器之弊。但是今天的美器、丑器的表现，倒像没有看到名器的本质。落入了只看心这一面的境地，因此在器物方面也要清洁干净。

首先要把人类的眼睛清洁干净。悲哉，在现在的世界上，心灵纯洁者眼睛不一定是清澈的。必须要让人看到更直接的物品，眼和物之间不能容纳任何中介。在禅中称为“一物不将来”，对于眼来说也是关键公案。有眼力的人在发现物之前是什么也看不到的。

然而，在这里必须要注意的是，眼力是茶人的主要条件之一，只是这一点称不上是茶人，至少称不上是禅茶人。真正的茶人要有心之眼，必须以器为媒介才能看到心性，在这里，佛教特别是禅在茶中发挥了作用，当物和心之本性结合于一体时，才有茶。从心的一侧去看茶才是禅茶，从物的一侧去看则是茶禅。

日本有眼力的人却出乎意料的多，基本上对物之美的反应是敏锐的。茶之汤只在日本兴盛，可以说这是理由之一，但也要反省其弊。

见物不见心时，总是被喜好与沉溺的兴趣冲走了。怎么这样的堕落在今天的茶中越来越明显？茶容易使人沉溺，讲究各种各样的功夫，把茶淹没在喜好的茶里。趣味的过剩实在是茶之病，这样的病过于暴露，寂庵才会感慨爱好的就不是茶了，可以说这实在是至理名言。茶不可告终于游戏，在这里必须激励心的修行，特别是与禅相结合的时候，不能被囚于物，也不可囚于事。极尽奢华或跟随爱好走时，心是不自由的。心灵的解放不是茶道的宗旨吗？器物须通过自性的了得，哪里有茶的面目呢？

只为自性了得的路，以器之美为媒介的地方就有茶的特质。心的净和物之美的不二瞬间在茶里可以自了，物的美器和心的净器这两者兼备时才有茶。物作为容器应该丢弃了全部秽器。只是没有心之净器的话，物的美器也徒然沉溺于秽器。只是在茶中自了就可以把握自了的契机，以作为物的美器为媒介。没有这样的器则不能成茶。

所以，缺乏眼力就不能当茶人。同时，仅仅具有眼力也不能成为茶人。悲哉，眼力慢吞吞、心里混浊的茶人，现在是多么多啊。对于后者，《禅茶录》现在也是无上的指南书。只是前者则能被一本书启蒙吗？这是读着僧寂庵的书，迫切地感到的一件事。

昭和二十八年(1953)，在信州入山处

译注

[1] 须原屋茂兵卫，日本江户时代前期的书店老板。生卒年不详，姓北畠，名宗元，家号是千钟房。万治年间（1658—1661）从纪伊有田郡（和歌山

县）栖原村住所的村子去江户开业。拥有大量武鉴类和江户图册类书的版权，是江户最大的书籍批发商。茂兵卫家须原屋一门是总本家，从明治三十七年（1904）起持续九代传承。

[2] 临济宗，禅宗五个主要流派之一。从曹溪的六祖惠能，历南岳、马祖、百丈、黄檗，一直到临济的义玄，于临济禅院举扬一家，后世称为临济宗。义玄是惠能的六世法孙。又临济六世孙为石霜之圆禅师。圆禅师以后分杨岐派、黄龙派。纪念日本临济宗荣西禅师希运禅师也提倡无心，“无心者，无一切心也。如如之体，内如木石，不动不摇；外如虚空，不塞不碍。无方所，无相貌，无得失”。又说：“但能无心，便是究竟。”希运继承了马祖道一“即心即佛”的思想，力倡“心即是佛”之说。“性即是心，心即是佛，佛即是法”。他从这一思想出发，主张“以心印心，心心不异”，后世故有“心心相印”一说。临济义玄主张“以心印心，心心不异”，是自本心，不生不灭，斯何别乎，本圆满故。有别后世有“心心相印”一说。临济义玄上承曹溪六祖惠能，历南岳怀让、马祖道一、百丈怀海、黄蘗希运的禅法，以其机锋凌厉、棒喝峻烈的禅风闻名于世。现存《临济录》和《祖堂集》卷十九、《景德传灯录》卷十二等记载了他的生平事迹和禅法。

[3] 一遍上人（1239—1289），日本镰仓时代中期的僧侣，时宗之开祖。出生于伊予国（现爱媛县）。法讳“智真”，尊称“一遍上人”“游行上人”“舍圣”。谥号“圆照大师”“证诚大师”。幼名松寿丸。10 岁在天台宗继教寺出家，法名随缘。建长三年（1251），13 岁之时移到大宰府，在法然之孙弟子圣达之下学习净土宗西山义。此时法名为智真。文永八年（1271），在信浓善光寺、伊予岩屋寺等寺修行。文永十一年（1274），

在四天王寺（摄津国）、高野山（纪伊国）等各地修行。在纪伊熊野本宫参笼之时，创立时宗，开始称一遍。建治二年（1276），在九州各地念佛劝进。在各地行脚之中，弘安二年（1279），开始在信浓国舞蹈念佛。舞蹈念佛是仿效尊敬的市圣空也。弘安三年（1280），巡回陆奥国松岛、平泉、常陆国、武藏国。弘安七年（1284），在上洛、京都各地舞蹈念佛。弘安九年（1286），访四天王寺，参拜圣德太子庙、当麻寺、石清水八幡宫。弘安十年（1287），经书写山在播磨国行脚，又西行参拜严岛神社。正应二年（1289），逝于摄津兵库津之观音堂（后之真光寺）。

[4] 临济禅师（?—866/867），为佛教禅宗五家七宗之临济宗开宗祖师。本名义玄，又被人叫作临济义玄。有《临济录》等传世。

[5] 南泉（748—834），法号普愿，俗姓王，郑州新郑（今河南新郑）人。得法于马祖道一禅师，后住池阳（今安徽池州）南泉院，故称南泉禅师。《传灯录》卷八载："初习律，于教观究精要，后入马祖之门，顿忘筌蹄，心地悟明。"后成为禅学大师，善于启发后学，其示众之语曾在各地禅院中广为流传。太和八年11月圆寂，享年87岁。

朝鲜茶碗

一

在“茶”的方面也被叫作“高丽茶碗”。在这里指的不是高丽时代，而是指朝鲜半岛。茶道的初期，从朝鲜半岛舶来的茶碗，可以说被欣赏、叙述得相当详细。恐怕像日本的茶人们那样，对那些茶碗给予重要待遇，从右边观看、从左边眺望、从上面窥视、从下面检视的人是再也不会有的。在这个世界上有各种各样的器物，恐怕再没有其他的像用于茶之汤的茶碗这般被详细观察、把玩，特别是从鉴赏的角度来看更是如此。另外，最近从历史的角度来看，也尝试了各种各样的考察。因此，应该观察的余地，基本上没有留下许多。重要的问题几乎都被提出来了，似乎所有的疑问都已经被解答。

但是有很多茶人即使是品味美的好手，也并不能被称为追求真理者。又，历史学家虽然关注更详细的史实，但对价值问题是谈不上详细的，因此应该被讨论的问题还有很多。回顾往事就是这两件事，我注意到还没有任何人去讨论，立志预先写下来。

谁都知道，“茶”之伊始便与佛法结下了深厚的因缘。其佛法特别意味着禅，这里的是指临济禅，而临济禅主要是指大德寺[1]禅。

因此，说起来茶味也应该与禅味是一如的，离开禅的茶就没有精神。如果缺少对禅的理解，就不能深入地理解茶。《南坊录》[2]等书中这样的考虑是随处可见的，然而最明确倡导的是寂庵所著《禅茶录》，可以说是最理想的指南书。总之，“茶”与禅结合在一起，加深了其意义。

然而不可思议的是，一看制作茶碗的那个过程，与所谓禅的自力道是何等的无关？不仅如此，纯粹从他力之道出生。忽视这个事实是不可思议的，禅人没有把茶美说为他力美就不用说了，可这三四百年间，他力宗竟然也无一人指出茶器的他力之美。

然而，初期传入的茶碗（以及茶罐与其他）没有落款，是无铭之物，这是谁都知道的事。这也就意味着那些不是依靠个人，而是仰赖去除个人的传统之道而成的。所谓的个人消失，就意味着不要依靠自己的力量。朝鲜的茶碗也好，中国的天目茶碗也好，全部是非个人的他力之道的产品。绝对不会是由不忘签名的作家而生出的自力之物。原来是那等东西，并不是一个名匠的手工茶具，在当时只是平凡的杂器而已。朝鲜茶碗只是饭碗、水杯，天目茶碗只是盛浊酒的杯子。这样的杂器之美，可以看出他力的恩惠。但是，在这些物品中看到了他力之美的，不是茶人也不是僧侣，不可思议的是全部因看到了禅而赞叹。到今天为止写过茶器的文章的人有无数，但连一句话都没有说，其本来性格的他力性。

不用说，这里我说的茶器是朝鲜半岛和中国传来的产品，不是指日本的茶器。如乐烧一样拥有金印之物，是无法叫作他力的作品的，因为已经是名匠的作品。然而值得注意的是，与传来的他力性的无款产品相比，更美的自力性的有款作品能找到吗？茶人们夸耀“茶碗即高丽”，依然是像“井户”一样的器物，才能占有茶碗的王座吗？而这个王者能够从无名工人手中的杂器被发现，为什么茶人朋友们没有注意到呢？因为“茶”是从禅中眺望到的，所以不知道他力之美？净土宗的僧侣没有在茶器上说明他力之美，说明对茶器的关心很是匮乏。初期的各式各样的无款茶碗，也应该称之为茶碗中的茶碗，当然从他力的立场来考察赞叹更好吧。

在这里，我并不是说禅茶人看到茶器的禅美都是误判。应该让他力尽力，那自力也会极力接触那颗被吸引的妙趣之心。有生气的他力之道上的朝鲜茶碗，反而有一如自力之故，从禅来看也是精妙的。那么朝鲜茶碗的他力美，视之为纯粹的物品最好。只有关于这个贯彻他力而接触到自力的经过，任何禅茶人都没有想到是奇怪的。况且净土宗的人们到今天为止都仍然没有指出这个事实更为奇怪，一旦明白这个事实，对茶器的看法也会向那个方向去思考。如果是自力之道的作家，并不可能人才辈出。因为走自力之道，必定是天才所追求的。“井户”“三岛”[3]及其他的在他力的恩泽中成为美的器物值得注意，作者需要大大地反省了呢。如果没有这样的反省，茶碗与“井户”以后性格的变化相比，则落于作为了。“井户”是天生不做作的，为什么朝鲜茶碗也能够适于禅美呢？这是临济教育的“莫造作”所产生的作用吧。与之相比“乐”的作为，亦是违背那个教诲的吧？

二

今天为止在朝鲜茶碗上谁都注意到的另一点，与下面有趣的事实相关。 前几天就陶瓷的制造需求的火焰性质与河井宽次郎和滨田庄司等人交谈的时候说到，茶人们喜爱的“井户”“熊川”“伊罗保”[4]“三岛”“刷毛目”[5]等的茶碗之类，几乎全部都是用中性火焰来烧造的。我听着，突然想起当时的物品，心被这样的中性火焰所吸引。

众所周知，烧造陶瓷的火焰按照性质不同可以分为两种类别：一叫氧化焰，一叫还原焰。 对于外行来说是难以理解的术语，换句话简单地说，氧化焰能够很好地燃烧切换成漂亮的火焰，还原焰则烧不起来，指的是燃烧起来多烟的火焰。 它可以分为完全燃烧和不完全燃烧，陶瓷的不同性质决定需要何种火焰。 例如用同样的铜拌成的釉，打算得到绿色则无论如何都要用氧化焰，与之相对的，朱砂的颜色则要用还原焰得到想要的发色。 是等性质，与陶瓷的标准烧造方式是否不同，同时窑的结构会不会有所变化相关。 全部的陶瓷，都可以被看作由其中一种火焰烧造而成的，两者中必有一种更适合烧造某一类陶瓷。

然而，事实上还存在不属于氧化、还原的火焰，有中性火焰之称。或者，也可以说是兼备任何性质的火焰。 有趣的是茶人所持有的朝鲜茶碗，几乎全部在这中性火焰中被烧成。

这里产生了两个有趣的问题，为什么朝鲜人是用那样的烧造方式呢？ 是从开始就计划好的，还是必然呢？ 第二个问题是为什么茶人们选择的茶碗，几乎全部是靠中性火焰烧成的器物呢？ 自不必说，他们没有对于中性火焰的专业知识。 但是，他们赞叹的那个韵味，为何由中性火焰烧成者很多呢？ 为什么韵味最深的是从中性火焰中产生的呢？ 中性火焰在陶瓷上呈现特别的美之原因是什么？

第一个要注意的是，三四百年前的朝鲜陶工的工作，没有任何与陶瓷相关的学问和知识。 因此，中性火焰也是无关的，在烧造方面并没有特别的要求。 烧造的方法更平凡，只不过是有些若不达到某一热度就烧不成的经验。 也就是说，就像上次似的烧造就好。 朝鲜人无论是什么样的工作，都没有顾虑必须氧化或者是还原，没有受拘束地去考虑。 因此，也没有被想法限制。 也就是说只是焙烧过了，因此氧化或还原都可以，只要热变就好。 如此就有了什么都是，又什么都不是的中性火焰。 因此不是从最初就瞄准了中性火焰，而是自然而然的结果。 这样的焚烧不是神经质的，称为“悠闲地”烧为好，因此毫无被囚禁的顾虑。 可以说是无碍的，有一种“无关风吹雨打”的情趣。 因为焚烧的方法，是从心里出来的，没有其他也没有执着。 从心里开始烧造“井户”，制作“刷毛目”，产生出“熊川”。

这里的朝鲜茶碗之所以呈现出无的美，是因为在那里总是能看到无心无碍的美。 佛法喜欢用“寂”字，并不只是“寂寞”般的简单意思，指的是“不执着于任何”的心。 在“茶”的方面是指“侘寂”或“涩味”等，指的是寂寞之美。 茶人们的眼光，敏锐地注视着无碍之美。 如今叙述的中性火焰，是什么讲究也没有的火焰，由这火焰烧成的茶碗，茶人们从中发现了无量的美，意味着取之不尽。 也就是说，无目标的中性火焰，使这一结果随之增加。 因此在朝鲜茶碗的制作中应用的与其叫作中性火焰，不如说是“既不氧化，也不还原的任何火焰”，也许是更易于理解的。也就是说，火焰自身出现了自由的性质，这被说成加深茶味的不可思议的原因。绝对不是以茶味为目标时，茶味就会满溢出来。如果目标是中性火焰的话，是不会产生自由之美的。

想顺便说一句，世上所有的青瓷都必须由还原焰产生。因此，高丽的青瓷虽然有名，只不过是还原火焰的产物。但是朝鲜的烧造方法是极其自然的，不仅还原，还屡屡用火焰氧化，就像许多的遗物所显示的那样。青瓷有时没有呈现太多的青色，反而变成了黄色，其中一半是氧化，一半是还原，叫作所谓的“部分变化”或“窑变”的产品，这是谁都知道的。如此就说明了他们的烧造方式是如何之自然，绝对不是神经质的做法。偶尔火焰充分还原时，美的青瓷开始发色。访问高丽青瓷的窑址，便能理解窑炉中还原氧化如何掺杂在一起。将此说成是幼稚的烧造方式、失策的烧造方法、不能控制的火焰、非效率的窑也可以，但这只不过是站在今天的科学的商业立场的指责而已。从美的角度来看，在失败的不完整的窑炉里，会诞生非常美的物品。人类没有作为的事物，就没有被说成是谬误的理由。超越人类力量的火焰的护佑，可以认为是依靠他力的救助。通过知识去努力地有效地提高的窑，那样的呵护是看不到了。近代的科学陶瓷要产生优秀的产品是困难的，是因为自然的保护中断了。从朝鲜半岛的各式各样的物品来看，既便烧坏的物品也有哪里是美的。机械产品是完整的，但相对来说也是冷冰冰的。

朝鲜半岛的茶碗之美，直接受到了自然的加护，这就是证明。人类智力尚未发达，这样的话也会变得坦率起来。学问是难得的，但是为了学习反而会被束缚而损失的情况很多，难道不应该反省一下吗？

三

在这里要注意的一句话是，像茶人那般对器物进行琐碎的观察的人是没有的，但细想之下，似乎他们只为表面上的韵味所惊。 因为茶人是眼睛敏锐的人，所以能够用眼睛很快地发现茶器之美，但是很多情况下只看到了外表。 再用语言去说出物之美，只能接受出现的结果，对其以上的则很少追溯。

但是物在产生了结果之前有过程，在过程之前是有原因的。 美不仅仅是结果，过程与起因都有美的存在。 然而这三个阶段中茶人的眼所关注的，几乎只是终结的结果啊，在产生美的原因上，竟然就没有考虑介入。 他们的琐碎的观察，例如“十个看点”一样的东西，结果只是罗列而已。 为什么会这样观察呢？ 就要反省众多的原因了。 因为这是简单的，如果能够看到看点的话，就会产生好的茶器，这是简单的考虑方式。 但是如果没有过程和原因，也就只能判断结果，会有较大的漏洞吧。

然而，了解茶器之美更加重要的是，了解使美之花朵绽放的种子和根。 在不知道这些的基础上，其结果只不过是浅薄地接受出现的美。 茶碗的味道被充分吸收很好，其余味引人入胜的缘故，这味道不能够吸引人就无法判断。 所以，尝试制作有味道的陶瓷是错的，容易引起矛盾。

朝鲜的陶工是在怎样的心态下制作的，这是个最本质的问题。 仅从结果来看的话，呈现出雅器的风格，但这样风雅的杂器的性质是简单的事实，非通过茶人才能了解。又感觉到是非常稀有的美，无论如何也不能考虑这是廉价物。从出现的情形来看是名技，那么无论如何都想象其为名匠之腕。因此从表面来看，好像了解与原来的性质不同的事物之危险非常多。脱离这个危险的茶人并不少，有一观察结果，就能够制造出茶器的想法。但是那个结果，也要考虑过程和原因的作用。

而其结果，倒不如说问题在第二段，更重要的是其背后隐藏的部分。如果不能理解，正确的结果也无法了解。因此茶人们对茶器的琐碎的观察，根基上肤浅的东西很多。之前也叙述了朝鲜茶碗的他力的性质，谁都不曾考虑的是，这只是从结果出发的说法。或者之前所述的中性火焰也是一个过程，暗示着重要的问题。

大体上，说起茶器等器物，其背后潜藏着心灵与生活的力量，所以全部的器之美，由藏匿于物之后的部分呈现出来。根据用怎样的心态来做，器物的性质可以分为右和左。正确地观察朝鲜茶碗，果然必须要将物之后的心正确地观察。表露在外的味道，不能理解茶器的真正之美。

我曾访问过萩烧的窑场，有所感叹。听说现在萩烧中的名匠，拜访二三人就可知他们都是作为茶器的作者成名。对朝鲜的器物，例如“井户”或者是“伊罗保”进行了种种模仿。在技术中是很棒的，值得推崇，其要害是有一件东西不足。因此，只不过是模仿朝鲜器物的手法而已，没有产生比那更进一步的器物。为什么不能摆脱呢？因为是做了做作的茶碗，因为作为并未脱离心境。然而朝鲜的物品随意地烧着，原本不是以生产茶器、名器等为目标的。这里就产生了差距。

令人惊讶的是，萩烧的著名陶工住着的家，有着小巧的庭院，里面设有茶室，其日常的身份让人觉得是一个生气勃勃的家庭。大概在日本人的陶工中，属于最贵族性的生活。也开始任命陶匠，到哪里都制作作为雅器的茶器。然而原来的朝鲜茶碗，是贫穷的手艺人的作品，也只是平凡的杂器而已。关于“茶”根本就不知道，也不饮茶。其环境、心境与器物的性质完全不同。因此现在，萩烧无论怎么追求朝鲜茶碗，其结局只是从外面巧妙地模仿吧，即出生和成长都不一样。

想稍多问一下，身份也高，都很智慧、优秀的萩烧陶工们做的风雅的茶器应该更加向上提高，可与朝鲜的杂器相比尚且逊色，这是为什么呢？这样下去，无论何时也不会胜出。我所想的是，还是从结果得到的，如不反省其由来的原因和过程会带来失败。也就是说，从外形上模仿着，不是从内心产生出来的事物。更何况现在也无法回归朝鲜人的贫穷生活，也不可能退为杂器。然而，脱离被囚于趣味的不自由的心才能产生真正的物品。还在做作的领域中出不来，距离畅通无阻的心就很遥远。朝鲜人能够胜出，借用禅语是在所谓“只么”[6]的境界而制作，不能是卡在趣味等拘束的做法，这就是所说的微妙的区别吧。朝鲜茶碗的味道好，是由不囚于有味或无味之处而生的。日本人，只不过是明白了不好的味道，就在那里粘着不放。味道不由自由而生，模仿自由，被囚禁于自由就已经完了，如此做不出好的茶器。那无学、无名的朝鲜工人做的杂器是美的，为什么不可能轻易超过？这又归结到心的问题上来了。

《心》昭和二十九年(1954)六月号

译注

[1] 大德寺，建成后成为派祖宗峰一流的“相承刹”（徒弟院、子孙庙），也曾一度是南北两朝的敕愿道场，十刹之一，及至室町中期始为“林下”（地方上的大寺，有别于京都、镰仓两地的官刹）。从战国时期以迄近世初期，寺势均极兴隆，根据江户中期的调查，计拥有509座末寺。历代名僧辈出，如宗峰之徒关山慧玄（后来成为妙心寺派之祖）、一休宗纯、笑岭宗欣、泽庵宗彭、春屋宗园等人皆曾住此寺。一休禅师的弟子中有一人曾居于茶道之祖村田珠光处，从而开启了大德寺与茶道的渊源。明治九年（1876）临济宗诸派分立时，大德寺系统形成大德寺派，昭和十六年（1941）暂与他派合并，战后又恢复独立，昭和二十七年（1952）获准成立宗教法人。现在拥有崇福寺（福冈市）、南宗寺（界市）、龙翔寺（京都）等199座末寺，此外，另在龙翔寺内设置专门道场，并与临济各派及黄檗宗联合经营紫野中学。

[2] 《南坊录》，或写作《南方录》，日本安土桃山时代的茶道书，共7卷。相传为千利休的高足南坊宗启记录编纂，成书于文禄二年（1593）。元禄二年（1689）由立花实山命名为《南坊录》。据说南坊宗启的经历不明，立花实山认为是伪书。

[3] 三岛，高丽茶碗的一种。是李朝前期的代表性陶瓷，种类繁多。灰色素胎上压有纤细的绳状纹样，并在某些部位用白土烧成像眼状的透明釉。名称的由来有多种说法，一般看器物内外的纹样，据说是因为和以前在静冈的三岛大社销售的日历相似，故又称历手。三岛的技术汲取了高丽镶

嵌青瓷的流行手法，是从高丽末期到李朝中期在朝鲜半岛南部一带烧造的器物。古三岛茶碗采用的是一种高撇口的造型，这个造型非常独特，是唐物茶碗不具备的。简单朴素的刻花，加上除了白色以外的部分几乎全部都是陶土的胎，因此三岛并不能算是完全的瓷器，而是陶与瓷相结合的碗。但是这种古朴为日本人所欣赏。三岛桶茶碗是一种平底茶碗，是非常重要的一种茶碗，因为日本乐烧就是采用了这种桶造型，而后来，桶茶碗干脆直接被叫成了乐茶碗。但是后来又有所分类，直径大于高为乐，直径小于高为桶。和古三岛一样，三岛桶也多以白色装饰，只是器形不同。礼宾三岛茶碗是使用平茶碗撇口造型的一种大型的三岛茶碗，本来是朝鲜祭祀用的果盆，但是在日本被当成了大型茶碗使用。从技法的方面来分，有雕三岛、钉雕三岛、刷毛三岛、绘三岛等；从装饰方面来分，有花三岛、桧垣三岛、礼宾三岛、角三岛、涡三岛等；其他的有御本三岛、半使三岛、坚手三岛、伊罗保三岛、伊奈三岛、三作三岛等。纹样有多种，有无数次压出纵浪形的，有连接的纵浪形的，有连接多个轮子的。其次是散落着菊花小印的器物，有雁木、武田菱的四目纹样、剑先纹样等。另外，在日本流行模仿三岛之作，八代、现川、萨摩、萩、濑户、出云等的产品都很有名。

[4] 伊罗保，高丽茶碗的一种。朝鲜李朝时代烧造，流传于日本桃山时代。表面粗糙，含有小石子，挂上黄色的浮釉。是后期高丽茶碗中最为特殊和最为重要的茶碗，充分表现了自然中沙子的质感，是其他茶碗所不具备的，而其独特的黄色，也成为日本茶道文化转型的一个标志。受到日本茶人的珍重。

[5] 刷毛目，朝鲜李朝早中期陶器的装饰手法之一。在陶器上用毛刷涂刷白

土化妆土，使陶器表面形成毛刷纹，除此之外，不施任何镶嵌或绘画装饰，然后在上面罩以透明釉。以茶碗最多。还有，在茶碗的一面挂白泥的叫无底刷毛目。可分为古刷毛目、筋刷毛目、无底刷毛目等。在日本，多在唐津的木原窑系的产品中能够看到。

[6] 只么，亦作“只磨”。源于佛经，有这么、如此的意思。《敦煌变文集·无常经讲经文》：“只磨贪婪没尽期，也须支准前程道。”

朝鲜的物品

真不可思议，也可以说是奇迹，朝鲜半岛的各式各样物品，似乎都是世俗的物品，就说是丑陋的，几乎没有美好的。当然，做工上多少有一些起伏，但即使粗糙笨拙之物，也是美的。在这里将丑陋的话语用“罪恶之物”一词来代替，就更是如此。《法华经》说“悉皆成佛”，这如梦幻般的教诲，却在朝鲜的物品中成为现实。罪恶，坠入地狱的东西在这里都看不见。与日本这样美的物品和丑的物品杂糅在一起的国家相比，应该是值得惊叹的事情。一切都得到救赎的产品也在被制作着，在我们看来是不可思议。但如此看法是从我们的立场出发，其实本来就应该是明明白白的道理。作为朝鲜人来看，日本人为什么会做出那么多丑陋的物品，倒是不可思议的吧。

那么，朝鲜为什么会有这样的奇迹呢？这完全是任何国家的历史上都没有的事情。至少在文明国之间，特别是像日本似的国家的产品，沉入地狱的物品多得引人注目吧，但朝鲜的物品几乎每一个都显示了净土之相，这是为什么呢？

也许可以说是因为某种工作而无论如何也不会落入地狱，工作可以说是起作用的。但是，并非每个朝鲜的人都具备这种力量，有什么不可能看到的巨大的力量从其他方面来支持他们。因为工人是下贱的民众，已经深陷不识字的境遇，更何况也没有什么认识美的方法。那里找不到有款识的作品这一点，正好说明这个消息吧，这样的事在其他国家也看不到。形形色色打算成名的产品，已经几乎使我们厌烦。但是在朝鲜看不到执着于“我的名字”的物品，那里抛弃了心中的纠葛和缘分，生产出了产品。佛法教诲人们“已为放弃”，那样的教诲正好表现在朝鲜的物品上。它们无论怎样都能成佛，不正是因为那样吗？

或者也可以这样理解，几乎看不到丑陋的产品，至少被认为是罪恶的产品是看不见的，是因为进入无谬的世界工作。因为我们总是在错误很多的世界里工作，所以没有沉沦的人很少。可在朝鲜无论怎么摔倒，都是在花丛中生活和工作，即便是跌倒的那个场合也在花丛中。那么为什么会出现那样的“无谬”的境界呢？

一旦考虑我们往往失败的，是在区分美与丑的基础上工作的吧。为此，或是得到美，或是陷于丑的美丑分别是以后工作的人要回避的命数吧。而且，天才很少是统计的事实。因此，丑陋的产品必定是一直在增加。所以很多人置身于美丑之争中，尝到了许多苦恼和悲哀。这就是日本的现状。

朝鲜人在那条道路上不能工作，如果要说的话，他们也不会走到那样不安的道路上。也就是说，不在非要一个天才的道路上工作。他们在一个真正稳定的世界里工作，也就是说美、丑不被分别归于相对的世界中，不分派系，在那样的纷扰未起之前参加了工作，可以说这里是一切不可思议的源泉。

《般若心经》有“不垢不净”的句子。同样，在《大无量寿经》中也有“无有好丑之愿”的说法。这些句子注入了佛法的主旨，粗略地来看一下这样的事实。所谓“不垢不净”是指“既不污垢也不干净”。污垢与干净，只不过是二元的。所以进行拂尘这一行为亦是一种尘土，那是以血洗血的行为。所以，净自身就是一种污垢。所以，在佛法中丑是丑，美也是丑。所以有“不思善，不思恶”的说法，在那里能够看到“不垢不净”的教诲。

且说“无有好丑之愿”，是“追求好丑无别的净土的愿望”之义。可以把“好”放在“美”这个词上，也就是说净土之相是不丑也不美，也不属于相对之性质。所以在这个世界上，不可能有丑的东西。同时，也没有被囚于美的东西，是否也不存在谬误和差错呢?

朝鲜的各式各样的物品，可以说是在“美与丑一同有无”世界的工作，本来就没有污垢，也就没有必要使之干净。这是一项不让分别进入的工作，因此就消失了损失。之所以悉皆成佛，是因为美丑之间没有争斗。所以，非常安静，朝鲜的产品没有肤浅、喧嚣的情况，总是稳重的。

如果是争夺输赢的物品，就会有喜悦伤悲的样式出现。朝鲜的产品，会以大气的“无忧亦无喜”的样式出现。

首先，与精美与否都没有关系，如果没有制作得不精巧就不美这样的束缚。也就是说，不会被丑和美所囚，说成什么都无碍。无论怎样，即使是摔倒，也没有人管。拙之美，不完整比完整更容易发生奇迹，就成了平常的事情。朝鲜的物品是不能用力做的，只是被做出来了而已。如果说禅的境界是“只么”，朝鲜的各式各样的美就是

"只之美"。不是以美为目的的，可以说由此出发的美有自己的功德。只有在这里，才可以说是取之不竭的美之源泉。例如"井户"之美，就是这样的"只之美"。所以不能进入普通的美之范畴，而是在另一深处。

《たくみ(巧妙)》昭和二十九年(1954)十一月号

“茶”之宣扬

我有时会被问起“茶道是世界性的东西吗?”我总是回答“绝不是现在的形式”。“但是，作为茶道的立场、对美的看法等，今后会给予世界充分的影响力吧。”我就是这样答复的。如果茶之汤是“茶道”的话，我想就应该是这样了。

这里所说的“茶之汤”，指的是在饮用抹茶时具有一定形式的茶礼。这是由日本的建筑和生活的特殊关系所决定的，外国就没有。日本人在茶室乐于茶礼的心情，是非常特别和发达的，很难成为国际性的通用的礼节。又，外国的生活亦没有直接适用的环境。暂且不说日本的色彩过于浓厚，那样的约定绝不是普通性质的东西。在这个意义上，世界性的流行是否能够扩充其性质呢?更何况掌门人的权威等，能与外国人相通的想法是愚蠢的。

而且，最近流行的“茶”，却有着很多不利于流行的要素。在日本需要进行一大改革，现在的“茶”直接输出国外，倒不如说是难为情的。以掌门人制度为代表的封建性，今后还能延续吗?有必要延续下去吗?现在茶之汤这样的延续会越发堕落吧。世袭制从根本上讲是勉强的，掌门人的子孙后代无论何时都是一流的茶人，这是谁也不能保障的。所以，这样的不自然之所以现在也是通用的，是因为很多人以经济性寄食为手段，在其制度下是成立的。其背后是金钱性的，很不地道。以前天主教的赎罪券可以用金钱购买，这是很相似的。这就是说要为封建制的余弊圆谎。

尤其是掌门人的后嗣，不一定会出稀世大茶人，这样的期待心里没底。因此，该效法禅宗行事，继承法统者从一般人中严格挑选，再将其尊为掌门人的话，那样的宗风才能实现荣耀吧。不管怎样，世袭是没有道理的，和东西本愿寺[1]的情况一样。总有一天，会因为病菌从内部崩坏吧。只要有世袭的掌门人制度存在，害处就有很多，没有永存的理由。一听到掌门人的话就谁都感激不尽，就是茶人们完全没有见识的证据。

而且，现在的“茶”，往往是有钱人的“茶”，是道具屋的“茶”，而贫之茶，净之茶，禅之茶等，到哪里只押着、拖着的。想转向末世吗？而且茶事中一旦成为巧者，就以出色的茶人自居的小茶人很多。如果沉溺于茶，看来也是不体面的。那真的是，茶道既然做，就应该好好理解器物之美。但睁眼瞎非常多是怎么回事呢？虽然对做事情很熟巧，但一向看不到物之美。此论更有力的证据是，一旦出现在茶会上，会使用非常美的器物，但同时也会发现有很无聊的物品，故弄玄虚的表扬。我不幸到现在，没有遇见过思想敏锐的茶人。我想可能是在什么地方有，但这是极为少见的。宗匠和自负的人，其眼力是可疑的。茶人们似乎认为“知道”和“看到”是一个意思，但详细的知识，不一定意味着正确的眼力这一点是事实。令人悲伤的是在许多情况下，博学广识者反而眼力混沌。见到如此多以无聊的茶器为珍宝的茶人们，在此也不得不强调我对末法的观点了。

况且，茶禅一味的说明会越发显得怪异，禅修也不怎么做，只谈义理。恐怕现在的茶人朋友的最大缺陷，是缺乏眼的力量，同时心理的准备亦不足。

因此，现在的情况，也没有把茶之汤扩大到国外的力量，再扩展与现在的“茶”也没关系。又，在世界上，恐怕也没那么容易接受它。但是，原本的“茶”、对器皿的看法、对美的理解，特别是作为心之道的“茶”被点了出来，那里隐藏着很深奥的东西，特别是佛教对美的观点，可以说是在日本的茶道中完成的。那绝对不是只欣赏，是与生活契合的茶礼的结晶，有着精彩的意味吧。在这些方面上，我认为将来有为西方，不，为世界作出贡献的资格。正好禅有那样的力量，在西方尚未充分发达的看法通过茶道实现成熟，所以其本质性的普遍价值，当然会在世界上辉煌，那是作为一种美的宗教而被认知的吧。这一点是对茶之汤的特殊性没有限制的东西，而是道有法，能够得到世界的有识之士的支持，被赞叹是有价值的吧。从这个意义上来说，是茶道的客观的、内在的、权威的东西。怎样宣扬茶道，是茶人们的最大的任务。现在想来，陷入迷惘的“茶”，不得不感叹。

以前，唯圆坊哭着写下《叹异抄》，为维持和发扬禅师亲鸾上人的正统，如今有心的茶人，同样不得不感叹已经沉入“茶”的异端吧。一看到只有细枝末节在发展的现在的“茶”，不得不发出道阻且长的叹息。有没有人站出来，举着高高的旗帜呢？包括不是茶人的我在内，所有人都不得不动脑筋。

昭和二十九年(1954)十二月

译注

[1] 东西本愿寺，亲鸾圣人死后，女儿觉信尼于文永九年（1272）在东山大谷建了一座庙堂，龟山天皇赐名为“本愿寺”（现在讲到的本愿寺，一般就是指西本愿寺）。院中藏有亲鸾圣人的骨灰及其画像。本愿寺宏伟的建筑群和宽畅的砾石广场与其显得较为简朴的入口大门形成了鲜明的对比。著名的本愿寺两堂即为广场右边的御影堂（本愿寺的缔造性建筑）和广场左边的阿弥陀堂。其中，御影堂为僧侣和信徒们的聚集地。此外，本愿寺的其他建筑如唐门（日本最古老的北能舞台）、书院、黑书院、飞云阁（国宝）等均是炫丽桃山文化的精华荟萃。本愿寺由于十一代法主显如两个儿子确定谁做继承人的原因分为两个地方。至此，本愿寺分为东西两家。准如一脉的西本愿寺法统，被称为“真宗本愿寺派”，仍以正统自居；长子本愿寺教如一脉的东本愿寺法统，被称为“真宗大谷派”。东西本愿寺同位于京都，已成为一道文化风景线。西本愿寺是日本京都最大的寺院，为日本佛教净土真宗愿派总寺院。西本愿寺的建筑反映了绚烂豪华的桃山时代的艺术风格。寺内安置有开山始祖亲鸾圣人坐像。西本愿寺内的唐门、白书院、黑书院、日本最古老的能舞台等是日本国宝级建筑物，其他还有壁画、枯山水样式的虎溪庭院等精彩景点。飞云阁与金阁、银阁统称为京都三阁。东本愿寺为佛教净土宗大谷派总寺院，位于京都下京区。为征夷大将军德川家康把原来的本愿寺一分为二而建立。正殿建于1602年，大师堂建于1658年，后遭火焚。现存寺院重建于明治二十八年（1895）。大师堂相当于中

国佛寺的大雄宝殿，南北 76 米，东西 58 米，高 38 米，高度仅次于奈良的东大寺，是京都最大的木造建筑，也是世界最大的木建筑之一。两寺并列为日本国宝，而西本愿寺更被联合国教科文组织列为世界文化遗产。

奇数之美

一

最近关于美术运动的一个明显的倾向就是对破形（Deformation）的追求。“破形”是指破坏已确定的形，体现了人类追求自由的希望。这也叫作“不定形”或“不整形”，为了容易理解，或被叫作“奇数之美”。“奇”并不意味着任何奇怪的意义，是与“偶”相对的“奇”，是“不规整”，形不均齐、不整备。总之，“破形”与“不均等”（Asymmetry）是相通的。对之用简单的“奇”或“奇数”等词语来表示，是为了表现出无法割舍的事物的深度（奇也可作“畸”，畸指不能好好地企划田地）。

虽然对破形的主张是近代的事情，但实际上所有真实的艺术，在某种意义上几乎没有不表示破形的。因为追求自由就不得不破形。特别是从中世纪向前追溯，任何东西，都是以表现破形为佳。例如，在中世纪的雕刻上看到的怪异美（Grotesque）就是明显的变形之美。这个奇形怪状之词，在美学上是重要的严肃的内容，近来被误用作通俗化了的猎奇之意，很是可惜。所有的真实的艺术，在任何的意义上都拥有奇形怪状的要素。日本有名的“四十八体佛”就具有这样的浓厚的性质。因此，破形的表现绝不是新事物，只是近代强化了这样的主张。

为什么近代会强调破形之美呢？这是真实的美之追随者的必然趋势，给予近代的艺术家很多刺激的是原始艺术。近年来，各国都在努力地探索、调查、收集，这就提供了新的材料。谁都会赞叹其美的价值，艺术家们为之倾倒。例如马蒂斯[1]、毕加索[2]，以及其他众多的艺术家们，从原始艺术上发现了新的美之源泉。他们追求破形之美、奇数之美，以及对之自由地表现。非洲、新几内亚、墨西哥，以及其他的土地上的原始民族的作品得以展示，这就是二三十年来出现的事情。有趣的是，最新的艺术却是从最原始的艺术中接受了多方面的养分。在印象派的时代，日本的浮世绘也给予了很大的影响。

因此，破形之美，即奇数之美，不是什么新的表现。只是这样的奇数美的价值被重新认识，在其上强调意识性是近代艺术的特色。从自由通过破形回归的意味可知，破形的主张包含着深奥的道理。只要是自由的美，必然回归奇数之美。

二

然而，最早鉴赏奇数之美，又对之创作的原理进行探索和完善的，实际上是日本的茶人们，是距今三四百年前的事情。以茶器为例去理解，没有一件不显示出破形的茶具。换句话说，就是完全整备的器物，未被选作茶器。

在“茶”的方面长时间用的是“数奇”这一词语。今天也频繁使用形形色色的“数奇者”“数奇屋”“讲究数奇”之美的词语。桑田忠亲先生的《日本茶道史》称，“数奇”一词，只不过是“好”（すき）的当字而已。在其书中，一切数奇的字都不用，改为“数寄”。足利义政时代，也就是文安年间（1444 年左右）编辑成的汉和词典《下学集》中有“数奇”一词。而在作为一般的字典的《节用集》中，“数奇”一词的使用到宽永时期（1624—1644）为止，从正保（1644—1648）、庆安（1648—1652）开始则出现“数寄”的字样。因此，大体来说，出现如一休[3]、珠光[4]、绍鸥、利休、织部、宗湛[5]、光悦这批人的时代，即从 15 世纪中叶左右开始到 17 世纪初期，似乎都是用“数奇”的。这期间也许能叫作茶的黄金时代吧。

那么为什么在记载中用“数奇”来代替“好”呢？桑田先生说只不过是单纯的当字而已，但如果是万叶假名的话，用“寸纪”或“须几”也好，为何却要决定为“数奇”呢？如果是单个的当字的话，为什么要避开一个简单的“好”字，却采用了笔画多的“数奇”二字呢？那么单个的当用字以外的意思，不就是寄托在这两个字中吗？当然会有此疑问吧。因此，数奇二字没有别的意义，只是作为“好”字的代替使用一说，与将“好”变为“数奇”有所深意一说，是两种不同的解释。

最明确地采取后者之立场的是《禅茶录》。其宗旨是排除奢侈的趣味，不如说不足中的满足更符合数奇的意思。奇是与偶相对的语言，暗示某些不足的事情。也就是说，奇数的形式，是指不完整的事物。数以奇数的零余出现，暗示着不充分，才能发现茶的精神。因此，数奇二字显然包含着对“茶”的理解，拥有更深的意义。因此不仅仅是

“好”的当用字，是茶之美在奇数美中的暗示。同样，我也是持这个看法的人，认为数奇的意义也是奇数。只不过前者是茶语，后者是一般的新词，因此“数奇”不仅是“好”的同音的当用字，持有异义是正确的。而最初被记成“数寄”一词，前面已经记述过了。

三

“好”可以读做“すき”（suki）和“このみ”（konomi），“画好”“歌好”等都是自古以来能看到的话语。然而，爱好是肤浅的喜好，也会产生沉溺于好色的联想，总之是离开了茶之道。因此，区别于“好”，频频使用“数奇”二字，应该看到别的新意吧。

那为什么开始记为“数奇”，后来却总是使用“数寄”的文字呢？恐怕有如下的理由，数奇读作和语的“すき”，汉语也同样使用“数奇”的文字，发音为“すうき”（suuki）。这个汉语的“数奇”是“不幸”的意思，经常运用的“数奇的命运”一词，是指事情较多的一生，特指悲苦的命数。因此，为避免将数奇的和语和汉语的“不幸”联想起来，以使用新的“数寄”的文字为好。

“寄”是“寄于心”之意，从而留下了“好”的意思。于是新的数寄就成了和语，从而人们有时记为数奇有时又记为数寄。然而数奇二字就是本来的形式，“奇”与“寄”相比，也更符合规律。

桑田氏的大作《茶道史》中，全部用了“数奇”的字样，同书引用的古记录中，也采用了“数寄”二字。但我所知道的《二水记》大永六年（1526）七月二十二日青莲院的条目下明确地写着“数奇宗珠”“数奇之上手”等，桑田氏将之改成“数寄”二字，是不小心的吗？ 学者的使用必须要有充分的根据，但是恐怕同氏考证的“数奇”只不过是同音于“好”的当字，数奇或数寄，哪个都一样，强制改为数奇应该是无所谓的。 于是，就都统一为“数寄”的字样？ 然而若只是单纯的当用字，为何不用“寸纪”“须几”等其他的当用字，但是偏偏选择“数奇”二字呢？ 总觉得那是有理由的。

四

为此，“破形”即“奇数形”，不是什么新的表现之道，却是真实的艺术必然追求的事物。 只是，如前面所记，对破形之美有了新的审视并强调意识是近代艺术的特色。 但在东洋从很久以前起，对于茶之汤的“数奇”之美，就认真鉴赏了。 这数奇具有与近代的变形或扭曲的意义接近的意义。 茶人们在这样的美之上建立了茶道，又让显示这些美的器具作为茶器而成立。

因此，茶人们及所爱的美的世界是现代性的事物，不如将其视为先驱，这样的历史事实更应该注意。 在东洋发达的南画之道等，在西方没有发达的痕迹，所以说是新的美学要求。 说到美学，只追西方的想法是很没有见识的，可以建立东洋固有的自主的美学。

近时美国的陶瓷主张所谓的“Free form”（自由形），尝试着去发现各种变态的、歪曲的不均等美，这只是一种流行的趋势。 但是，日本的乐烧可以说是所谓的“自由形”的前辈，都是在破形中追求其美。明末时日本的茶人们在中国订购的瓷器，如今残留下不少，其中能够屡屡见到的，是原本中国没有的人为的变形。 这是“茶”所要求的破形，即奇数之形，是陶瓷史上特别的存在。

今日在美国制作的个人陶瓷基本上都是东洋风格的器物，由此可见新的自由形运动，原来就受到茶器等的影响吧。

五

茶人所爱的这样的奇数之美，能够用新的语言进行说明的是冈仓天心。 在其所著《茶之书》中，将奇数之美说成“不完整之美”。 今天的人们也许对这一段是比较容易理解的，“不完整”是相对于“完整”的语言，指“没有完整造型的器物”。 一考虑至茶器就能理解了，歪曲的造型，不够丰满的器体，脱釉的出现，釉色交叠留下了重重的痕迹，有时还有瑕疵，所有的都是“不完整的样子”“没有切割的形态”，的确是不完美的样子。 茶人们在那里发现了无量之美，所以天心要称其为“不完整之美”。

为何要避开完整之美，而去发现不完整的美？ 假定其造型是完整的，那么这样的完整就已经确定，余韵在何处？ 也就是说，并没有包含余韵在内，自由的程度遭到拒绝。 其结果，完整的样式，是静态的、规定的、固定的、冰冷的。 人类（恐怕自身也是不完整的）所看到的，是完全的不自由。 是已经穷尽可能的，因此没有无限的暗示。 对于美，必须要有宽松的环境，希望那是与自由相结合的。 不，自由就是美。 为何要爱奇数、追求破形之变呢？ 是出于人追求自由之美不停的缘故，才会要求不完整。 茶美是残缺之美，完整的形，却不是美之形。

六

但是，天心居士的不完整之说是不够的，制定出新构想的是久松真一博士，在其《茶的精神》中有宗旨的叙述。不完整终究是完整途中的意思而已。不完整这样的性质，立即与深厚的美相结合不是不可能。不完整只不过是消极的内容而已，真正的茶之美必须是更积极的。因此与不完整的位置相比，必须进步到更先进的“完整之否定”的境地。可以通过打破完全固定的世界而得到自由，这不是“不完整的物品”，而是对完整的积极否定。这个构想在更进一步地确定天心居士的思想时，更加明确地阐明了奇数之美的性格。

例如，一见到“乐茶碗”，就是“对完整的否定”，这是很清楚的。这不只是不完整的未完成的形，而是打破完整的固定的企图吧。“乐”是手工制作的物品，拒绝了由辘轳拉出的完整的圆形，而在器体、边缘以及高台处也要削上几刀，使整体能够歪斜。其器体不再光滑，看上去很粗糙，挂釉也不均匀，出现了浓淡，这一切的意图就是为了打破完整。由于这样的否定，茶之美的生命会出现苏醒吧。实际上不止于茶器，这样的意图也涉及日本陶瓷的全部，畸形随处可见。可以说都是受到了茶之汤的影响，在“茶”之前都没有出现过，正是作为近代的破形与变形的先驱的尝试，是对所有完整的意识的否定。

七

然而，天心居士的“不完整之美”、久松教授的“对完整的否定”，能够充分说明茶之美的本质吗？ 我想有必要去进行更充分的说明了。

完整不完整，只不过是相对的语言。 又及，与否定肯定相同。 不完整若是对于完整，就是完整途中的过程，若是否定完整，则无法越过相对的意味之外。 终极的茶之美应该不止于那样的不完整中吧。 可以将茶之美理解为“无相”，这是其真意吗？ 如果是那样就不会止于将无否定，否定也好肯定也好，都已经离开了无相了吧。

因此，真正的茶之美何止是完整与不完整！ 只有在这样的区别消失之境，或者是完整与不完整未分之前的世界，或者完整即不完整的境地，茶美才会存在。 这毕竟是不囚于二相的自由之美，只有这样的美才是其本性，这样的美我暂且叫作奇数之美。 这里的奇不单是与偶的对立，而是不再依赖于奇偶，自然产生余数的奇而已。 因此，“奇”的真意毕竟是无碍，故有意识地否定的破形，还不算是到达无碍之境。同时，如果滞于完整不完整，定会为肯定否定所缚。 只有在这样的区别纠葛出现以前，才是真正的自由。“在此之前”不是以后的对辞，实际上是指能对时间先后不做区分的境地。 近代的对破形的主张，我想是未能充分的自由形。

八

举出实例就能明了吧，朝鲜茶碗和唐物的茶罐，都是没有追求完整的物品，同时也绝不是以不完整为目标的物品，也不是企图否定完整的结果。 在发生那样的分别之前，就直率地完成了。 不，比起分别的前后，最好看作是在没有分别之意的世界里完成的为好。禅语中有“只么”的词语，那些器物，不过是只么的制作。原来是杂器，不是作为茶器制作的。因此，与“对完整的否定”的缘分相去甚远，也不是感觉到不完整之美的作物，只是作物而已，平易地、坦荡地去制作。只有这个“只”的境地，才能全部解开我心中的疙瘩。如果是“对完整的否定”的话，绝对不会是“只么”之作。“只么”之作是自然地、无事地完成了。因此，实际的制作是在连“只么”是什么都不加以考虑的境地中完成的，只有如此才是“只”。因滞于“只”的缘故而无碍，即所谓无住之住吧。以雅致为目标而落入不自由，同样地以自由为目标，却为这个自由所囚。因此如果否定完整，就会落入新的不自由。举例的茶碗或茶罐，就不是那样的不自由。

一看到这些茶器，就会看到形总是有点歪斜。然而这些都是自然的，实际上歪斜或不歪斜都是没有关系的。看到的“梅花皮”的不平滑的表面，并非故意的。因为是杂器，只能如此。釉斑不是为追求色泽，是不做作的挂釉而自然形成的。这不是因为以不做作为佳，就刻意做出来的各种不做作。从一开始，就没有那种反复尝试的结构，做法是平常、自然、自在、无碍的。

也就是说，分别心不是心的居留之场所，因此分别后是无法工作的。连那个前后都没有，只有做，因此不是为“只”所囚。试着在去朝鲜旅游时访问那里的作坊，所有的谜都能解开了吧。在那些作坊中，辘轳的摆放、转法、挂釉的方式、画花纹的方法、窑的构筑方法、烧造方式等，所有的都是自然的。风吹、云动、水流的样子，都没有大的变化。只有这样的融通无碍，才能找到雅致的源泉。以雅致为目标，怎样才能表现雅致？反而会陷入不自由的境地。美的名字中有了奇数，不正是无碍的标志吗？

九

茶人们说“数奇”又叫“麁相的物品”，能够在这样的境地认识到美之深意是茶人们的卓识。“麁”即“粗”，粗笨的样子，是奇数之意。在这样的麁相的物品中却有着美之味，日本人的美之意识和美之体验是明显的，可以说是优点。这样的“麁”与宗教理念的“贫”是相通的，将“麁相的物品”叫作“贫之美”为好。不用说，这里的“贫”，不是富的反义词，倒不如说是将真正的财富包含在内的贫，是长久以来东洋哲理中所讲的“无”之境界，是不滞于有无的无。在描述造型时，被叫作“涩味”，成为所有的美之目的。涩味能诠释麁相之美、贫之美，茶人们已经体验到素色之美的深重也是因为如此。在美之世界追求这样的“贫”，显示了日本人的优越的美之观念。

在奇数里看到了美，与寻求完美的希腊人的美的理念完全不同。受到希腊的强有力的影响的西欧人，一旦考虑美，就是与我们相反的吧。例如西洋的陶瓷素色的样式极少，且对于这类美之品味的见解也几乎看不到。与奇数比，西方的看法是追求偶数，也就是说能够切割的形。

希腊的美学理念是建立在完璧的美之上的，这样的典型案例，在均齐的人体美中可以看到。平衡是整个希腊雕刻向我们传达的故事。东洋与之相悖，追求奇数之象，所呈现的是在自然中可见到的。前者是切割的均齐之美，后者则是没有切割的不均齐之美。茶道总是强调后者的美之深厚，能广泛地看作东洋的或佛教的观点。

或者，这个对比也能够改作“合理的事物”与“不合理的事物”的说法。西欧的科学是很发达的，合理性是对物品考察的基础；在东洋，与理性相比更愿意选择直观的立场，为此能感觉到非合理性的意味。如果从理智去发现，就是飞跃，绝不是渐进的，所以对物品的看法很少依存于论理的体系。与西洋早已发达的机械文化相对，东洋如今依然崇尚手工的大的作用，也正诉说着这样的对比吧。

茶器如此，诚然不是理智所产。与切割之美不同，有时会被叫作“不完整之美”或“否定进入完整之美”。不管怎样，都不是说明性的美，而经常是暗示的性质。也不是外露之美，是内在之美，这样的有内涵的美的被誉为“涩之美”。不是作者对观者明示的美，倒不如说能够创作出引导观者发现美的物品，这才是真正的作者。这就意味着，作家引导观者看到的美，是涩之美，即茶之美。

十

茶之美所显示的是无碍之美，不能说是止于造作之美的物品。一般说不是作为之美，而是源于自由的解放之美。由于是必然的自由，所以说这就是无碍之美。也就是说只是纯粹的自由，以自由为目的者不是自由，来自自身的自由，才能叫作自由。

初期的茶器所发生的形的崩溃，与近代美术的破形虽然有着相通之处，其间却有根本性的差异。前者是必然的破形，后者则依赖于有意识的意图。也就是说，是意识到奇数之美后而强行以奇形造作的物品。然而，初期的茶器，正形也好奇形也好，都是从不拘泥之处而来的自由形，并不因为奇形才是美的而刻意分别，是不考虑滞于自由的自由。然而，近代的自由形，多是标榜自由的，即发于自由主义的自由。这样的东西能被称为真正的自由吗？如囚于自由主义，则可以说是没有自由的证据。自由主义本身是有冲突的，如果是自由的物品的话，是不会以自由为目标的。

因此，在茶器上看到的奇数美，与近代追求的奇数美，性质是迥然不同的。后者只不过是有目的性的工作，茶器的作者与制作的物品之间，并无那样的二元关系。所以说是非目的性的，不如说是偶然符合目的性的物品为佳。一方面是囚于破形之破形，另一方面是不囚于任何形式的必然的破形。因此在近代，被缚于自由主张的自由很难称得上是无碍之美。不需要在无碍的世界去主张，虽然有融通无碍的词汇，但自由主义是没有融通的。凡是立于主义，都不是无碍。

在这里有个最重要的问题吧，近代的破形之美，是以追求自由为目的的，但未能充分达到自由的物品。与其说是自由，还不如说是新的不自由的形。因此，近代美术的弊端，正在于主张自由却陷入了不自由，绝不是无碍的破形。

茶人们的眼睛是令人信服的，他们发现了“只之自由”，在这里感受到了无量之美，体味到美之深厚。“数奇”的词汇，是含蓄的吧。他们感觉到不足却足的茶境，他们在奇数中见到了的自由的面目。这样的奇数没有拘泥于偶或奇，是必然的奇数。破形是必然的，不是做出来的破形。我想这一区别是重要的。

大体上破形的词汇，意味着“不完美”，可以与“不完整”一词置换，通过前述可知，不完整或完整的词汇没有脱离相对的意思。真正的破形是超越完整与不完整的区别而发出来的，因此是不完备的完备，或是想具备而不具备的物品。只是“不完备的样子”，不过是二流的物品而已。

十一

能够最明了显示这一关系的，是初期的茶器与中期以后的茶器的差异。如果回顾一下茶碗的历史，最初的基本上都是“舶来物”，特别是朝鲜的器物占了多数。然后日本开始试着制作，不久，随着历史之推移，“舶来物”慢慢换成了“和物”。这被史家认为是发展，我看可以说是变化但称不得进步。因为两者的不整形，即奇数之美的性质完全不同，而且绝不能说后者有优于前者的结果。前者是生于无碍之心的必然之形的崩溃，后者则是由否定完整而生的造作。可以非常简明地将前者的“自然的物品”与后者的“做出来的物品”进行区别，将“井户”与“乐”作一对比，这样的性质就会鲜明地浮现出来。如同不显示作为就没有“乐”，而显示作为就没有“井户”一样，一方从一开始就作为雅器而制作，另一方则始终是杂器。想来，雅器在杂器之前，其优越的位置是值得夸耀的，但从结果来看如何？“井户”显示出永久之美的优越吧，这是为什么？

理由总是很简单的，“慎于造作”是禅的教诲，为何会适用一想就明白了。“乐”是不知不觉地故意做的，其意图已经暴露。“乐”之中的最高位置送给了光悦的“不二”，但“不二”中作为的痕迹并未完全消除。这样的自由之美，无法超脱。一开始人被这样的作品魅惑住了，可也许总有一天会感到意外的厌倦吧，因为本来就是具有做作性质的物品。可以说这样意味的“乐”没有充分显示出原来的茶之美来，至少现在的“乐”未能解决茶之美。

为此，从“高丽物”到“和物”是历史性的推移，但不能说是高扬。有着自由度的“和物”昙花一现，可以说是低落的自由、混浊的自由吧。反而以被囚的姿态出现，可以说是大矛盾吧。“乐”不是无事，而始终都是有事的。这个“乐”可以说是弱势的，追求自由反倒没有自由，可以说是意识到自由之美者的业障吧。为了“乐”能够成为充分的茶器，必须开拓使之复苏的新的历史。一旦起意，则道难行。必须从用于意识而不止于意识的境地脱出来，必须向世界展示始于造作而不止于造作，这是难中又难的，但是作家们必须面对。反正自力的一门不限于“乐”，是难行之苦修。朝鲜的形形色色多通过外力之道逐渐成佛，两者的类属是不同的。

如今的自由形的作用，等于追随“乐”之道。因此，“乐”的错误反复出现，终止于不自由的自由形，有何意思呢？自由形必须是自由的，似是而非的自由，不能叫自由。一旦树起自由的大旗，即已经不自由了。自主的奇数，是不能混同于造作的奇数的。

所以奇数之美，从奇与偶解放时，即开始展现其本来之美。真正的不均齐是从均齐与不均齐离开成为自由时才有可能，只相对于均齐的物品是有限的，不能叫真正的不均齐。因此，两者未生或两者相即，就是其本来的面目。对不均齐的肯定就是对均齐的否定，两者都不触及美之极致。茶道就显示出这个真理，这就意味着，茶道具有充分的订正近代艺术的自由性的力量吧。至上之美是在从自身出发的奇数的深奥之处。

昭和二十九年(1954)十二月

译注

[1] 马蒂斯(H. Henri Matisse，1869—1954)，法国画家。20世纪西方最早的前卫派——野兽主义的代表。1869年12月31日生于皮卡第的勒卡托，1954年11月3日卒于尼斯。少年时代接受的是古典教育，曾在律师事务所当职员。1890年因患阑尾炎养病，开始练习画画。1892—1899年，进入巴黎高等美术学校的G. 莫罗画室学艺。在马蒂斯艺术的形成过程中，他曾受印象主义的启发，而其艺术风格的演变，则得益于东方各国和非洲的艺术。他的创作涉足多个艺术领域，成就巨大。他的故乡勒卡托和卒地尼斯分别建有马蒂斯美术馆。

[2] 毕加索(P. Pablo Picasso，1881—1973)，西班牙-法国画家。1881年10月25日生于西班牙南部小镇马拉加，1973年4月8日卒于法国穆然城。父亲是一位艺术教师。他自幼年起爱好艺术，15岁时随父母迁居到巴塞罗那，曾在巴塞罗那美术学校和马德里圣费尔南多美术学院学习。受画

家罗德雷克等人的影响，早期画作可分为蓝色时期至粉红色时期。到巴黎后其艺术逐渐成熟，度过了由立体主义向古典主义的转化过程。各个时期的代表作有《熨衣服的妇女》《亚威农少女》《少女和曼多林》(1910)、《三个舞蹈的人》(1925)、《格尔尼卡》(1937)等。

[3] 一休，即一休宗纯(1394—1481)，又名千菊丸，自号狂云子、梦闺、瞎驴等。日本京都人。为后小松天皇之子。6岁时成为京都安国寺长老象外鉴公的侍童，名周建。1405年到壬生宝幢寺学习维摩经，兼学诗法。15岁后成为僧人，16岁从随西金寺谦翁和尚，命名宗纯。后住进了幕府御用禅寺京都建仁寺。后离开建仁寺，师事于林下妙心寺的谦翁宗为。1415年进入大德寺派名僧华叟宗昙的门下修炼，1418年，华叟授其一休法号。华叟病故后，即脱离大德寺开始其漂泊之旅，餐风饮露，云游各方，自称“狂云子”。1441年，因“嘉吉之乱”暂居丹波国让羽山尸陀寺。1474年，接后土御门天皇的诏令担任大德寺第47代住持，着手重建被战火烧毁的大德寺。因大德寺重建工程积劳成疾，示寂于薪村酬恩庵，葬于岗山塔下。有汉诗集《狂云集》传世。

[4] 珠光，即村田珠光(1422/1423—1502)。日本奈良人，室町时代中期的茶僧，茶道“侘茶”的创始人。幼名茂吉、木一子，号香乐庵南星、独庐轩，也叫休心法师。村田杢市检校之子，自称名寺之僧，曾放浪于各国。幼年在奈良净土宗寺院称名寺出家，因违反寺规去京都三条研习茶道。后成为临济宗大德寺一休宗纯的弟子，被授予圜悟克勤的墨迹，达到茶禅一味的境界。由能阿弥推荐成为室町幕府将军足利义政的茶道师范，由一休赐予珠光庵的匾额。作为茶道奈良派的代表人物，又是奈良茶会的名人，从一休那里习得了禅宗的精华之后，立刻开始用禅的精神来改造茶

事活动，将茶与禅相结合，从而使茶事活动有了深邃的思想内涵。在京都六条堀川西建造茶室，推广珠光流茶道。而茶道也被认为是“侘禅”的一种，有“茶禅一味”或“茶禅一如”之说。弟子有松本珠报、粟田口善法、鸟居引拙等，集侘茶之大成的是千利休。80岁逝世。在东山期间，在充分了解东山流的贵族性的“书院茶”的基础上，将平民的奈良“草庵茶”与贵族的“书院茶”相结合，创造出偏重于精神高度集中庶民性的茶道之法，使茶道获得新生，开辟了侘的境地。完成了由茶文化升华到茶道的最为重要的一步，而其本人亦成为茶道的开山鼻祖。相对于书院广间的茶道，除圜悟的墨迹之外，还拥有徐熙的鹭之绘、松花壶、抛头巾肩冲、珠光文琳、珠光青瓷等，其特别喜欢的器物被叫作珠光名物。

[5] 宗湛，即小栗宗湛（1413—1481）。日本室町中后期的画家。俗姓小栗，名小三郎、助重。号自牧。出家后法名为宗湛。入京都相国寺随画僧周文学习。参禅于大德寺的养叟宗颐，并拜相国寺的益之集箴为师。宽正三年（1462）在相国寺松泉轩画了《娴湘八景图》隔扇画，受到将军足利义政的称赞，之后制作了高仓御所、云泽轩、石山寺等地的隔扇画。继承了汉画的正统，形成了稳健的作风。宽正四年（1463），成为幕府的御用画师，俸禄被定为和周文同等。大德寺养德院的《芦雁图》（京都国立博物馆）为其成名作。有作品《潇湘八景图》传世。

陶瓷器之美

读者从专攻宗教哲学的我这里看到这样的题目，可能没有预料到吧？ 但我永远爱着这一题材，我借此在你们的面前，提供一个可亲近的美的世界并希望得到理解，并以此向诸位展示如何接近美的神秘。叙述我关于陶瓷器所包含的美的思考和感情，对于我来讲没有什么不适当的。 在选取这个题材时，我必然会接触美之性质。 美包含着怎样的内在的意义？ 是如何表现的？ 又应该如何品味其风格？ 执笔本文时我不断地想起这些问题。 因此，在阅读本文时，因题目而产生的奇异的联想也将逐渐淡去。 我希望邀请你们进入一个陌生的美的世界，所以才选择这样的题目。

一

读者对特别是东洋生活之友的陶瓷器，曾经了解过什么呢？ 那等物品在我们的周围有很多，所以很多人反而忘记回顾了。 而近代由于其技巧和美显著退步，所以人们深感兴趣的机会也许正在失去。 就算有些人与之相反爱上了这些物品，也会说只不过是游戏罢了，并因此贬低自己的内心。

但事实不是这样的，这些物品总是将无尽之美厚厚地包含其中。不注意这样的物品的看法在现代倒是符合人们的心，这正告诉了大家趣味已经荒废了吧。人们对这些物品，不要忘记它们曾经是日常生活的好友，不要过分去说那只是个容器。每天，人们都与这些物品一起劳作度过。为了和缓人们的烦恼，所以在所有的器物上都选择了优良的造型，显示出美好的颜色与纹样。陶工不曾忘记尝试着在这些器物上进行蕴含着美的表现，这是人们为了周围的装饰、安慰眼睛、柔化心灵而制作的。我们每日的生活也许都在不知不觉中被那些物品上藏匿的美温暖着吧，今天的人们在喧嚷复杂的人世生活中，难道没有那样的爱之余裕去回顾这些物品吗？我把这样的余裕视为宝贵时间的一部分，并未将余裕归于财富之力，真正的余裕是由心而生的。财富不会创造出美之心，只有美之心才能丰富我们的生活。

假如我们的内心润泽的话，在这谨慎的窑艺世界，还是能找出来隐匿的心之伙伴的。不要说这只不过是兴趣的世界，那止于趣味的玩弄举动，是见者之心的卑微造成的。器之本身不浅，万一接近其内容的话，那将不断引导我们进入深奥的世界。美不是很深奥吗？我感觉我的宗教思想，实际上也是由那些物品在漫长的时间里养育而成长的。我对于收集在身边的几件作品，也默默地表达着感谢之情。

陶瓷器之美是特别的“亲近”之美，这些器物对于我们，如同安静的亲友，总是有种贴近之感。它们基本上没有搞乱我们的心，总是在室内迎接着我们。人只凭好感对其器进行选择，器亦经常被置于我们喜欢的场所等待着。这是所有人的眼睛都能接触的作品，不是吗？安静地默默等待着的器物，其内必定藏有与外在相应的情绪。我们对这些器物的爱之性质不能有所怀疑，其难道没有美之姿态吗？其美不正是由心之美产生的吗？这就有点像可怜的单相思。对于劳烦的我们，它们宽厚地伸出安慰无言的手，它们一刻也不会忘记主人，它们的美总是不会改变的吧。不，一般认为它们的美是日益增加的吧。我们也不能忘记它们的爱，它们的身影映入我们的眼帘时，为什么不用手去接触一下呢？它们所爱的人必定会用两只手抱起它们来。当我们的目光倾注在它们身上时，它们似乎也眷恋着我们的温暖的手。人的手对于器物，一定与母亲怀中的温暖味道相同，世上哪儿有不可能去爱的陶瓷器呢？如果得不到爱，那就是用冷淡的手创造，或者用冷淡的眼神去看所致的吧。

我对它们爱的性质的感觉，是随着陶工如何去爱以及制造那样的产品而生，这些想法是不得不有的。我常常想象陶工将一个壶放在他面前，没有余念地将他的心注入其内的光景。尝试想一下吧，好比一把壶在制作的那一瞬间，这个世界只有壶和他。不，没有余念制作时，壶活他就活，他活壶也活着。爱经过他们之间，在流动的情爱之中，自然会产生美。读者曾经读过陶匠的传记吗？在那里能看到为真正的美奉献一生的实例。反复试烧，烧几次失败几次，勇气再起，散尽家财，完全没入在工作这一件事中的他们，使我无法忘记。烧啊烧，直到烧尽，已经用尽了资金与薪材，自家只留下一点柴禾时的光景，读者是否想象过呢？实际上经历好几次忘我这样的异常之事，才得到了这世上的优秀作品。他们真的在做他们所爱的物品，我们不能冷漠地观察被包围在这些作品中的热情。没有爱，为什么会有美？陶瓷之美也是一种爱的表现，器物实际上是为了用之器。若是认为只凭功利的想法就能创造出来，这是错误的。真正的器物是美之器物，超过功利之世，当爱充满陶工的胸怀时才会产生优秀的作品。真正美的作品从做时起给自己带来了快乐，为了器物的利润而制作时，那就陷入了丑陋吧。当作者的心被净化时，器物和心灵都接受了美。只有忘记一切的刹那，才是美的刹那。近世窑艺的可怕的丑陋是功利之心产生的物质结果。不能认为陶瓷器仅仅只是器物，与其说是器物，不如说是心。这也是一颗满怀着爱的心，我认为那样的心充满着亲切之美。

读者必须深刻反省这样的美是怎样诞生的。陶瓷的深度经常超越冰冷的科学和机械的生产法则，寻求着美总是要归于自然的。即使在今天，烧造更漂亮的器物用的仍是自然的柴禾，任何人为的热力也无法获得柴禾给予的温柔的味道。辘轳现在也在寻求着自由的人的手和脚，规律的机械运动缺乏产生美之形状的力量。以最美的效果擂碎釉药粉末的，是那个不规则的迟迟运动的人之手。简单的规则不能产生美，石头、土、颜色等都是追求天然的，近世的化学赠送人们的色彩如何丑恶已为我们所熟悉。对于朝鲜、中国，恐怕也会如此，激烈动摇的不完全的辘轳屡屡被发现，自古以来这样的物品反而会产生自然之美。科学是建立规则，而艺术追求自由。古代人没有化学，却产生了美之作品。在近世，人类拥有化学但缺乏艺术。制陶的技术研究是日益精细，但化学还没有产生充分美的作品。我并非贬低今天科学的未完成状态，然而科学家为科学所限制，对此必须谦虚地承认。相对的科学是进入不了美的世界的，科学应该是为美服务的科学。当心不再支配机器，而由机器来支配心之时，艺术便永远地离开了我们。规则是一种美吧？但不规则是艺术中更大的美之要素。恐怕最高级的美是这两者的一种调和吧，我总在想不规则中的规则显示了最大的美。没有不规则的规则只不过是机械，不包括规则的不规则不过是紊乱（中国和朝鲜的陶瓷器为何是美的？是因为在不规则中包括规则、未完成中蕴含着完成罢了。日本的多数作品因有完成之癖，故屡屡失去生气）。

二

我在此叙说了关于陶瓷器之美的形成之种种要素，想唤起读者的注意。窑艺是占用空间的雕塑艺术的一种，必须具有高度和深度等完整立体的表现性质。关于窑艺，其美之型的根本要素是不消说的“形”之美。贫弱的形于利于美，都不能成就好的器物。圆润的、尖锐的、严实的躯干，都是因为形的变化才会产生美。陶瓷器具有不可缺少的稳定的性质所给予的形与力量，形状总是确实的庄严之美的基调。在这一点上特别杰出的，是中国的作品。形状是那个民族最丰富、最巩固的。中国味道的形状之美，立即让人想起严肃美。强大的民族在他们的心中所寄托的，既不是颜色，也不是线条，而是有分量的“形”。作为大地之教的儒教是中国的民族宗教，大地安定沉稳的形式是那个民族所追求的美。被叫作端庄、坚实或庄严的都是强烈的美，主要是根据不同的形状呈现出来。

读者在那回转的辘轳上，在由人的手产生的形状上看到了神秘的事情吗？那手的事业是心灵的所为。陶工在那一刹那体会到真正的创造，美的发作真是不可思议，内心的所为是微妙的。其形状的极其微小的变化，能够区分真正的美与丑。得到一个好的形状，是真正的创造。卑微的心是不可能建造出丰富的形状来的，如同水的形状随器物而定，器的形是随心而定的。被称为大地之子的强大的中华民族，是严肃的形之美的创造者，我想这是意味深长的。

我经常想，需要立体空间的窑艺是又一种雕刻吧，雕刻的法则这里也是可见的。在陶瓷中出现的美之形，难道不是从人类自己身上受到的暗示吗？在人体中流淌的自然法则在这里被遵守时，器物也就拥有了自然之美。尝试着想象一个花瓶吧，稍微向上打开的瓶口暗示着头部，在那里也能看见非常美丽的面颊，有时也会添上耳朵吧？其下延续着狭窄的颈部，那往往与人体一样非常美。面颊下面的脖子到肩膀是流动的线条，延用了人的身姿使之更为充分。接下来是作为器物的主要部分的躯干，在那里总有着丰满的健硕的肌肉。如果没有这样的肌肉，器物又将如何保持自己呢？这在我们的肉体上是同样的，有时陶工不会忘记沿着肩膀左右添加两只手。不仅如此，高台是一个器物的立足之地，好的高台使器物在地上是安稳的。我是如此考虑此事的，并未有任何附会。就像人体遵守稳定的法则伫立一样，一个花瓶也必须遵守同样的法则，才能占住稳定的位置和空间中的美。我时常由器物的表面联想到人的皮肤，一个壶就是一副躯干。这样的考虑让我进一步接近美的神秘，器物里也有鲜活的人的身影。

接下来关于构成陶瓷器两个重要的要素我必须要说清楚，一个是“素胎”，一个是“釉药”。

素胎是陶瓷器的骨与肉，一般的素胎有瓷土与陶土的区别。属于瓷器的前者是半透明的，属于陶器的后者是不透明的。器的各式各样的种类，必须依靠任一质地或者两种质地结合的变化。硬度和柔软度、锐度和温润的味之对立，主要作用于素胎。喜欢严肃的、坚固的、锐利的性格者会喜欢瓷器，愿意访问情趣、温和或润泽者，更喜欢陶器吧。石的硬度和泥土的柔软度能够给予我们两种不同的器物。明代的瓷器和我们的乐烧是最理想的对比，那个生机勃勃的大陆民族，从那古老的、坚硬的瓷土中得到激烈的、强烈的热度，故创造了锐利的瓷器。而新兴岛国的快乐的民族，用柔和的黏土与安静的热，产生了陶器。自然就是民族的美之母，在文化到达顶峰，发展出和谐之美的宋朝，陶与瓷的两者结合了起来。在那个时代，人们都很好地使用了石头和土，在那里强硬和温柔和合如一。两极融合为一，我想正是自然的和谐成就了那般圆润的文化结果。

与质地密不可分的是釉药，釉药完全装饰在器物的外表。有时像清水一样，有时又像晨雾中的皮肤，器物的肌体之美是通过釉药向我们昭示的。只有这样的肌肤才能给器之美添上最后的韵味。透明或半透明的，又或者是不透明的釉药，使器物在光线下的众多性质更添了一层浓厚的气韵。看起来如同玻璃体，却存在着无限的变化。读者曾想到过这玻璃体是从草木灰中得来的吗？一度死去的灰烬，通过火热之势在玻璃上苏醒时，仍保持着草木的个性，人们兴致勃勃地制作种种装饰的器物使其拥有各种趣味。陶瓷之美不止是产自人，因为自然也在守护其美。

我想就作为器物的皮肤的釉药谈一谈，为必然在那里出现的“面”之美再多说几句。我考虑这是器物之美产生的要素，无论是使人对光的感觉敏锐起来，或是掀起温暖的感情，都是这面的变化引起的。我在那里往往能感觉人的脉搏，不能光把它们当作冰冷的器物。这个面的内侧有血通过，保持着体温，看美的作品时，我无法不用手去触摸。面一直追求的是我们的温暖的触觉，那些优秀的茶道之器，期待着我们的唇，爱着我们的手。我不能视而不见，忘了重视人的感觉的陶工的深刻用意。然而，面之美不仅仅诉诸我们的触觉，那是与光的正确结合，吸引着最尖锐的视觉。有心的人必须注意放置容器的地方，面对光的感觉是很敏锐的，安静的器物必须放在安静的光线中，才能使我们的心平静下来，使沉默的美产生趣味。如果是张力强的面沿着容器的身体表现，就不能把它放在光线弱的地方，面的阴影之美使器物一点点在我们面前浮现。

面的这种种性质，取自形状、质地和釉药，那美的决定性的因素之一是烧造方法。实际上，面之秘密在于釉药的熔化。制陶术恐怕包含着最神秘的谜，即其烧造所用的火焰的性质。根据热度的高低、空气流通的强弱、烟和火焰的多少、需要时间的长短，以及燃料的性质，这些不可思议的不能预知的原因，决定器物的美丑。其中“氧化焰”和“还原焰”的区别是左右面和颜色性质的起因吧。一般来说，宋窑和高丽窑在后者中，明窑在前者中寄托了更多美。烟使器物沉静而焰使器物明锐，还原是将美包含在里，氧化将美呈现在外。烧完后达到“不来不去”的境界，面寄托了最深刻的神秘。然而，不仅仅是面，色彩的美丑也是由热度的高低决定的。

我这里接着谈“色”之美。陶瓷器即使在色彩上也要表现出美之心。迄今为止的特殊的质地和釉药，能够显示最美的色彩的是白瓷和青瓷。这是我认为的瓷器色彩的顶峰，继之我喜欢的是“天目”之黑与“柿”之褐。这些单纯的谨慎的色调才是最惊人的美的推手，人不应该认为白与黑是完全单调的，也不能认为这是最缺乏颜色的。如果是白，就有纯白、粉白、青白、灰白等，这些各种各样的颜色显示出不同的内心世界。如果解开这些至纯颜色的神秘，人们也许就不会想探索更多的颜色吧。随着对美之心的进步，人总是要回归到至纯的颜色。得到好的白色和好的黑色是最难的，没有完全单一的颜色，那是最深奥的颜色的世界。它们包含全部的颜色在内，是涩之美。

陶瓷器使用的颜料总是令人想起的是“吴州”，这就是所谓的“染付”之蓝。中国人巧妙地称之为“青花”，如明代的旧吴州那般，大概是永远难舍瓷器的和谐之颜色吧，这完全是元素的颜色。所有的越接近自然越好，其美始终是清醒的。当烟火将颜色稍微包含在内时，其色调加深了美。如同化学做的那华丽的钴一样，倒不如说是在扼杀美。那是纯粹人为的颜色，如果从自然来看就是不纯的物品而已，在那里美被减弱是因为没有自然的护佑。我其次喜欢铁砂和朱砂的颜色，往往前者的美是强劲的，后者的美是可爱的。奔放的味道适宜铁砂，可怜爱的味道是由朱砂添加的。

然而，陶瓷器的色彩至所谓的五彩的“赤绘”的地步，那婉丽之美才都表现出来了。色彩在这里变成了更加多样化的美丽，喜欢绚烂之美的人是不可能忘记彩瓷的吧。在那里一定会被加上绘画的要素，中国在釉上彩的领域也占第一位。那锐利粗重的色彩之绚烂，除他们又有谁能做到呢？但是能够以温和、美丽、快乐之美打动心的恐怕是日本的颜色吧。在这个岛国的温顺的、自然的釉上彩，我们习惯将其称为“锦手”，指其像绫锦那样具有装饰美之色彩。然而在过于突出色彩时，虽华丽却失了力量和生气。浮华的东西难以长久，日本的彩瓷以古九谷为最好。

我就色彩进行了叙述，必然也要谈及“纹样”。这不一定是陶瓷器所必需的要素，但必须注意的是花纹往往会添加美。窑艺因其立体式的性质具有雕刻的意义，再加上花纹就会更加接近绘画的意思。添加花纹往往使器物更美，概括来看，从古代到近代，随着花样的复杂化，色彩的浓度增加了，但美下降了。我们不能要求真正的纹样有繁杂的画风，纹样在其性质上，必须拥有装饰的价值。正确的装饰艺术总是带有象征的味道，象征不是叙述。烦琐的写实已经埋葬了暗示的美，若是浸淫于深深的心灵美的世界里的话，只要单纯的二三笔致，花纹就已经很充分了。正如绘画的基础在素描中，纹样能发挥素描的生气时，才是最美的。复杂的图案中，优秀的花纹很少见到；在与自然深交的古代的作品中，只看到纯真的花纹。如同往往在宋代的白瓷、青瓷上看到的刷毛目花纹一样，才算是纹样中的纹样。不借助于任何的颜色，又几乎什么也没有明显地画出来，但是超越其象征着自由生气勃勃的美的花纹是少见的，那个奔放的刷毛目纹也可以说是寄托于自然的纹样。古人单纯的花纹加深了器物之美，然而，近代人的复杂的纹样往往杀死了器物，我常常发现一些若去掉花纹就会更美的器物。在无名的人之手创造的最普通的容器中，反而会有优秀的花样。那是作者没有画工意识，依赖于天真的、坦率的手画出来的吧，另外还有更多的优秀的传统花纹。大概是因为那些不是自己的作为，而只是单纯的运笔的缘故。日本的著名陶工中，最知道花纹的意义，出产这些丰富的纹样的是颖川[1]和第一代的乾山吧，他们的笔触是自由的。

接下来我想关注的是“线”之美。或许离开形状的轮廓和纹样，线就无法被理解也不被认识，我想尤其是朝鲜的陶瓷器上更多的是线的独立意义。那个民族的心灵美并非寄托在严谨的形状上，亦非可喜的颜色，细长的曲线才是与他们心灵相应的表现。谁都能从那如倾诉般的线条中，读出不言而明的情愫吧？与其说那个器物是一个确实的形体，倒不如说是流动的曲线更接近真实。器物并非停在地上休息，而是呈现了一种离开了无情的土地去憧憬天堂的姿态，那些延续而漫长的线在述说着什么呢？线将孤寂之美展示给我们，那是憧憬人的眼泪的邀请，在器物上活跃的线是情之器的部分。

这样的美的多种要素之外，我想还有一个器物的更为紧要的美之成分，那就是“触致”产生的美。在辘轳上委托器物的命运时，从指尖传达的触致的敏锐作用，那里是人的感觉的直述。茶器般的情趣之物，要重视这触致的重要和保存，没有借用辘轳的场合更是如此。陶瓷器是触觉的艺术，这样的触致使“切”添加了更多的新的风韵，刀的接触更是屡屡给予放荡不羁的雅致。好的陶工不会对自然给予的触致之美予以封杀，在好的器物中一直保留着这样的触致。否，因残留触致之故器物才会变美，收拾得过于干净、光滑的器物没有生气。我对于“注入”的方法，也能看见自然给予的安稳的触致。我想茶人对茶器的高台之内屡屡藏匿的触致之美，其奥秘要探索清楚。

必须看到，纹样与线条都需要触致。不会犹豫的笔自然而然地行走时，美是自然的，美可以提高。那不是由造作而生的美，好触致是接触自然的微妙闪现。错过这闪现的话，美不会再次回到陶工之手。手法的运用不可犹豫，稍微的狐疑也能从器物上夺走美。二次、三次重新制作削变，反复修正的话，器物的美是死的。好的陶工对自然给予的灵感之闪现总是不会放过，当自然的全部被委任时，当忘记我的手工时，美就在他们的手中了。

通过以上各种性质，“味”来最后决定全体之美丑的命运。这是超越语言表达的韵味，尽管技巧光鲜，形状和釉药尽善尽美，若失去味道也会致使空虚。气度、安定、深度、润性，由隐匿的力量诞生。味道还是内在的味道好，当美暴露在外时，那就是味道缺乏，在里面包含着的时候，美会加深，“味”就是“包含”。美向内里深入时，尽善之味就从那里得到。好的味道是人们不讨厌的味道，是追捕也无法获得的无限暗示。味道是象征性的美，所以在外面显示美的器物是无味的器物，只不过是表示能说得过去的美。很好的味道是所谓“包着的味道”，美深深潜藏于内时味道一定会达到极限。这样的藏匿之美的极致，人们习惯称呼其为“涩味”，实在是全部的味道会回归涩的味道中吗？涩味是玄之美。借用老子[2]惊人的语言，是“玄之又玄”。玄所隐匿的世界，是密意的世界，所以说涩味是玄之美（概言之，美是内在的含蓄的手法。如果是火焰的话，是氧化与还原相交的火焰；火度比起较强的不如稍弱者为佳；色泽与各种华丽的色彩相比，谦恭的为佳；若是釉药的话，稍黑暗的比透明的强一点；在素胎上，温柔的稍微比硬的土壤强；如果是纹样的话，单纯的线比细致的绘画好；与形状上的错杂相比，单纯的更好；隐匿光泽的安静的面与光滑闪亮的相比就会出现更多的适宜）。

形之器是心之器，重要的是密意总会归于陶工之心。涩之味由涩之心产生，陶工在其作品中忏悔。若是没有味道的心，味道之器也是不存在的。心如果是浅薄的、卑微的，又如何做得深沉之器。就如同入得宗门须踏入净罪的阶段，陶工及其心清净时才能进入美之宫殿。人不要把器具只当作物，比物更重要的是心。在器物可见的外形之下充盈着不可见的心，器物也可以说是看不见的心的外在表现。即使是器物，那里也有活的心的跳动。那不是冰冷的器物，是被心温暖的器物。沉默的那里有人的声音和自然的私语，器物的厚重是人类的厚重，是性情的纯洁。通过丰富的、真实的生活的人才会诞生真正厚重的作品，或者是通过古人似的自然而然的活着的心，尽可能把味道渗透器物。

一种美是可以永恒的，那是由自然之力守护着的。一旦失去对自然的信仰，就制造不出美之器。只有对自然的全面调和，才能成就自己也成就美。所谓将自己托付自然，意味着保持着自然的力量。将自我献给自然的刹那，是大自然降临自我的刹那。好的陶工对自然是敬畏的，如果说怀疑一丝一毫，这也是对自然的亵渎。就像宗教家不能有一丝怀疑，对于陶工来说踌躇意味着毁灭。试想他在一个盘子上绘画，如果没有对自然的信仰，又怎样接受自然的委托，怎样才能使他的笔活起来呢？丑陋的线难道不总是有畏怯的线吗？走笔的出现是自然的和谐，从自然的角度讲应该立即停止如同加笔的作为。过度的技巧往往会夺走器物的生机，因为技巧亦作为。超越作为，即顺应自然时，就是出现美的瞬间。好的纹样总是被无心的自然所吸引，深邃的思索者有如同所有婴儿一样的心之爱。无法进入忘我的境界者，不能成为优秀的陶工。不是只有宗教家才有信仰，陶工的作品亦是信仰的呈现。丑陋是怀疑之征。

三

描绘出陶瓷器的美之造型的各种性质的我，现在转而涉笔于例证。这样可以向读者传播具体的美。

我很喜欢宋窑。追溯到那个时代以前，更多的窑艺之美早已达到极致。看到那些作品时有眺望绝对的器物之感，对我而言这比起器物更像是一种美的经典。从那里我们究竟能汲取到怎样的真理呢？宋窑实际上对我展示了无限之美，同时也将无限的真理送给我们。为何宋窑能够显示可贵的气质和深沉之美呢？我想那个美总是以“一”向世界展示着吧，“一”不正是那个温和的哲学家普罗提诺解释的美之相吗？我想宋窑中看不到二元对峙的情况，在那里总是强和柔的结合，有动和静的交锋。在唐宋时代的深厚的“中观”“圆融”“相即”等终极的佛教思想，在此直接表现出来。发于不二的“中庸”之性，不也存在于其美吗？这不是我的空想。试着拿着那个器物看看吧，在那里瓷和陶富有弹性地交替。既不偏向石，也不偏向土，在这里显示了两个极端，二即是不二。没有烧尽也没有残留的不二之境，使那个容器能委以美的重任吗？表面总是外露而内涵必须潜藏起来，里面和外面有交流，颜色也有明和暗的结合。恐怕使用的热度也有千度左右吧，所以说这是陶瓷器需要的热度的中庸表示。我坚持认为那里有“一”之美，那不是显示出圆之相吗？不是中观之美吗？我总是想，这样的性质让宋窑得以永远。什么样的静谧安定其中呢？如果我们心乱的话就不能得到宋窑之美的三昧。（我在想，这个世界上的最美的作品总有着类似的性质。高丽时期的作品本来就是，李朝的三岛手[3]、波斯的古代作品、意大利的马约利卡[4]、荷兰的代尔夫特[5]以及英国的骨瓷等，基本上都接近宋窑的素胎和热度。我所喜欢的古唐津和古濑户[6]都属于这一类，我对于这些陶瓷器的性质几乎没有任何的学识。但就现在披露的美的味道来看有着显著的共同之处这一点，必须予以注意。）

我每当想起宋窑之美时，就会想起其背景及其时代的文化。宋接受了唐的人文传统，正是文化达到圆熟的时期，这个时代是东洋的黄金时代，时代诞生了宋窑。何时我们才能再度通过器之圆融和相即得到文化之味呢？我看了今天的丑陋作品，会感受到时代的伤害。作为陶瓷器之国而闻名的日本，应该何时取回那些正当的名誉？时代正在催促着大家。

国家的历史和自然总是规定了陶瓷之美的方向，那个寒暖严酷，什么都巨大的中国，最尖锐、最重、最大、最强的伟大的美，随着时代出现是必然的命数。从宋到元，从元到明转移，美会转向新的方向。明代实际上是瓷的时代，所有的器物都更锐利、更坚固，保持着一个极端完全支配其余一切的状态。在这里看不到宋窑的温暖的味道，但是美是敏锐的，其形态会变的。它们是坚硬的石头在强烈的热度下烧尽，用相应的深蓝颜色在那里画出了各种各样的纹样。就连那细小的笔迹，都包含着铁针般的敏锐在内。那硬质的素胎与强烈的颜色和线条究竟从何而来？此事让人疑惑。人类为了永远纪念伟大的瓷器时代，在器物的底面写下蓝色的鲜艳的“宣德”“成化”“万历”“天启”之类的字。

中国有真正的陶瓷器，是一个伟大的国家。然而，有些人对于其美之强烈，感受到了某种力量的威压吧。同时，也会有难以接近、难以进犯的感觉之味吧。如果从中国进入朝鲜的话，我们会感觉忽然进入了另外的世界，前者是君主的威严，后者是王妃的情趣。我们从激烈的夏日光线中转移到寂寞的美丽秋天，自然也从大陆变化为半岛。

纵然最初受到了宋窑的影响，在高丽的作品中也有着不可侵犯的自身之美。我们对那些魅人的美的诱惑不应接受吗？心为优雅的身姿所诱而沉沦，它的美一次也没有强加于我们。同时也会想着谁能够接近它，在那等待着内心的到访。它憧憬着别人的爱，谁会回顾那样的身姿却感觉不到恋情呢？那长长的线是器物的苦闷之情的委托，我情不自禁地将其抱在手上。风吹着柳树之阴，两三只水禽划破了安静的波纹。那一带紫萍稀疏地生在水中，那样的风景无声而安静地潜于苍绿之中，像伫立似的漂浮着。我又多看了一眼，高高的天空上零零碎碎的云层中，有两三只白鹤，正在向何处飞行呢？映入眼帘的只有这些东西。这是这个世界的全部梦幻，是心之作吧。不知为何，在看到这些幻影时，心生寂寞厌世之情。那流畅的曲线总是象征着悲情之美，我屡屡通过这些美，听到那个民族诉说的心声。不间断的苦难历史，用这样的美来寄托心声。

线条实际上是情，我没有在其他场合看到比朝鲜的线条更美更流畅的。这是浸入人情的线条，朝鲜在其固有的线中保持着无法侵犯的美。什么样的模仿也都是追从，在那面前是无益的。在那里的线和情的内在关系使人不可能一分为二。线之美实在是敏锐的、纤细的，一分一毫的矫正也会使美立马消失。我建议什么时候读者能够探访一下朝鲜京城的李王家博物馆[7]，那里的高丽建筑是真正的美之宫殿。在那里拜访过的所有人，未必肯将刀刃指向那个民族，也不会做这样的事。

我刚才谈了高丽之美，也给在后续时代出现的作品增添几句。正如宋窑在明朝瓷器更多地接受了转化一般，进入李朝时，高丽之风俄然一变。随着一个新的王朝的崛起，精力、风韵自然得到新的力量。如同明朝的瓷器融入了更多的敏锐的美一般，我们能够接触到大量的苏醒的李朝之美。历史学家对于李朝的认识一般，也没有承认其艺术的存在，但至少陶瓷器并非如此。我屡屡发现高丽的作品能够与伟大的作品相匹敌，我想指出这里有两个有趣之处。至少对于瓷器，朝鲜没有模仿明代风格是显著的事实。其形状以及线条，甚至釉药都表现出固有之美。其中容易被注意的是在上面画的花纹，这才是真正的独步。我认为李朝的作品是高丽的反面，已经在新的方向展开美。李朝相对于朝鲜，宣告有着更鲜艳独立的风气。日本、中国、朝鲜到唐宋时代为止，基本上能看作是一个文化在发展吧。然而时代从高丽转向李朝时，朝鲜就作为朝鲜自立了。因政治关系国家仍然不允许独立，然而，对于生活风俗以及工艺而言，明显是一个自律的时代，至少对于陶瓷器来讲也是真理。

其次，我们必须要注意更重要的是，时代发展之后的技巧会趋于精致，重复复杂的花样往往失去勃勃生机之美。然而我们能够在李朝时期的作品上看到显著的例外，我如今收集的陶瓷就是对这件事情的肯定。形状更加宏伟，图案更加单纯化，实在是无心的手法，可是新的美之表现却呈现出惊人的效果。我们在那称不上是花样，只有两三无造作的笔迹中，能够与鲜活的生命之美相遇。一只鸟、一枝花或一束树木的果实都是他们选择的素朴的图案。用的彩料仅靛蓝、铁砂和辰砂，在中国和日本能看到的绚烂的赤绘一样的器物丝毫看不到。时代要求巩固的、单纯的、质朴的美，那大胆的削面手法实际上在石材上也能看到，令人感到坚实和雄伟，往往营造出如同柱子般的实在。对于李朝的直线的要素也必须引起注意，所有的形状、花纹都比较真率。随着时代的发展，手法归于单纯，这个事实是近代艺术史上有趣的特例。那等纯一的手法之间仍然没忘包含民族之情，虽然没有高丽器物般的纤细的美，但也不能忽视新的复苏的美，所谓三岛手，其韵味是绝顶之美。所有的伟大的作品总是单纯的吗？我在那里，更是感受到了鲜活的朝鲜心灵的喜悦。于那等作品，我们能够无心而坦率地触碰其民族之美而喜悦。

在说起中国与朝鲜的作品后，按顺序必然也要就日本的陶瓷器说上几句吧。窑艺之术更多地影响到邻国，日本巧妙地以自己的感情感觉到那温柔之美。自然从大陆到半岛，从半岛转向了岛国。旅行者谁都能注意到，山是稳固的，河在静静地流淌，气候温暖湿润，树木的绿色与鲜花争奇斗艳。还有海洋守护着国家，历史不被外乱，是人皆有喜悦之心的快乐的国家，是有余裕追求美之心的民族。因此，我们心中所呈现的器物之美，既不是在中国的强势之美，也不是在朝鲜见到的寂寞之美。色彩欢快，造型优雅，纹样柔和，线条安静，一切都很温和。应该很硬的瓷器在日本也穿上了温柔的衣服，例如中国天启赤绘，成为古伊万里釉上彩的话会产生鲜艳的变化。享受如此稳重、温和的快乐之美，人们的喜爱必然从瓷器转移到陶器。我们终于用柔和的土创造出土器，人们在此感受到温和、宁静之美，给予它们相应的“乐烧”的名字，全部的器物都让人每天都能享乐。双手抱着柔和、温暖的器物，与嘴唇相连接时，人如何能不得到快乐而安静的心情之味呢。但是也不能忘记这里发生的一大弱点，“乐”往往会毁于趣味。

日本是情趣之国，除漆器之外，能够集中他们的爱的器物就是这样的陶瓷器。人们使用陶瓷器时乐在其中，世上的国家是很多的，但有我们日本人这样爱好陶瓷的民族吗？从古至今都少见吧。当这样的情爱浓郁时，器物就应该是充满我们情趣的器物，特别是窑艺作为艺术而被深深地意识到时。当这样的意识益发明显时，陶工就会追求展开各自的艺术世界。在中国、朝鲜基本上看不到的个人作家逐渐出现了，“这是谁的作品”，人们深刻地意识到了其意义。到今天为止许多天才留下了他们的传记和他们的作品，作为我们的遗产永久地留下了。

但是日本的作品能看到共同的缺点，是太过多余的意识吧。作者往往失去天真无邪的心，很多作品余下很强的技巧与苦心。于是，扼杀了自然的美和力，颜色很花哨但总体上较弱，绵密的线条很细却缺少气势。陷于思考而丧失了无做作的自然、奔放的雅致之器，我们总是抱着对于完美的执着，往往烧造过度，形状则矫枉过正，纹样又是过密的。于是美开始外露，其内却没有特殊的味道。乐烧往往形状畸变，以不自然的粗放姿态完结。太过作为是美的杀戮，在无心且朴素的古代，器物是更加美丽的。例如九谷、万古都是美丽的古代作品，但是随着时代的发展，美逐渐淡薄，而丑的成分开始增加。

单纯或者率直，这是美的密意，但有时会被误认为是幼稚和平凡的意思。无心不等于无知，朴素不是粗杂，作为最少之处，有最多的自然之意。在忘记自我的刹那，是了解自然的刹那。沉溺于技巧，造成作为之伤时，自然的加护就会弃之而去。人工追求错杂，自然寻求单纯。作为是对自然的怀疑，天真是对自然的信仰。纯一并非匮乏，是有深度的力量。烦杂也并非丰富，肤浅而软弱。形式、颜色、图案也好，越发至纯则美越清晰，这就是我学到的艺术法则（但是我准备增添一句用意深刻的话。想着单纯之美并以之为目的制作的话，心将再次陷入作为中。我想那样的单纯已经不再是单纯，所以那样的美浅薄而且低下）。

我在这里写了纯真的、无心的心灵美的创造者，我将会在这篇结束时增添陶瓷器隐匿着的一个故事。这是从器物学到睿智的一个例子。

你们注意看过器物的高台吧？那里总是被踩在下面，被灰尘弄脏了。然而，几乎是全部的场合，那个地方藏匿着作者的心。这一部分往往是非常美的，因为作者在那里都没有装饰他自己。高台是藏匿的部分，因此人的作为大多不去那里。顺从自然的部分，在那里有所残留。作者对于高台，恐怕是最无心的作者吧。他从作为中脱身获得自由，往往自然美在高台上是更清晰的，特别是对于中国和朝鲜作品，我们看到了许多惊人的高台呢。不做作的自然会制造出雅致，不加装饰的高台才会发现异常的强烈的美。如果就绘画来说就是素描的力量，在这样的力量的基础上，器物是最稳定的。高台对于器确实是增加了美，一般来说，日本的作品完全不是随手而做的，因此高台往往比较贫乏。民窑是不一样的，我们在那里看到的强烈的美是非常少的。无用的周密只不过是杀势而已，这就是日本作品流行的共同弱点吧。那个有“鹰峰”之铭的光悦茶碗，反而是虚张声势的例子吧。

尊重趣味的人，对包裹着美的高台非常喜爱，这样的情趣在制作茶器时最先被注意到。日本做的高台是为了衬托茶具，作者在那里要求显示触致之美。奔放的、自由的、纤细的趣味，在小小的空间里筹划着表现的欲望。不尽之美藏匿在这察觉不到的地方，潜于心的工作让我感到十分滋润。然而出于意识的高台的味道被制作时，就再次沦落为那些丑陋的作为之作。无论如何，陶工的心之状态往往通过高台进行告白。高台往往是判定其作品的价值的神秘之标准。

我要补充与产生美相同的法则，即使是在其他例子中也会表示。读者啊，如果你的手中拿着盘子、碗，对其纹样进行斟酌时，希望能用心关注那背面的图案。不可思议的是，几乎在全部场合，画在背面的东西都是更美的。单纯的一二种花草，或者只不过二三根线条画出了仅有的一点。但是在那里笔触是如此鲜活，将心自由解放了。看那线条，毫无踌躇的痕迹吧？为什么要留意这样的美呢？我感到必须在此谈一下艺术上的秘义。描绘表面时，人意识到装于心中的美，见者要对之做好准备。但是，等那些画结束，进入藏匿于背面的二三种纹样时，作者的心就会放松，成为无心，成为自由的回归，没有预想的自然之美在这里得到了很好的显现。所有的引导被委托于自然，不可能没有好的纹样。这就是器物背后隐匿的一个意味深长的插话。

我对于陶瓷器，基本上不知道其正确的历史，也不了解那些化学知识。然而，我日夜被这样的美温暖着心而生活着，我在凝望它们的姿态时，能够进入忘我超然的境界。这些表面上安静的器物，往往引导着我们进入真理之国度。我能意识到美是什么，心的追求是什么，能够回顾自然的秘义。对于我来讲，在器物中信仰得以表现，在我的面前呈现的这些美不是无益的。而被赐予的这份喜悦也不可白白地暗自埋没，这是一个微不足道的感想，我的心将分享给众人，以传达这些难以言说的喜悦。

《新潮》大正十一年(1922)正月号
私家版上梓大正十一年年(1922)十二月
单行本《信与美》中收录 大正十四年(1925)十二月

译注

[1] 颖川，即奥田颖川(1753—1811)，日本江户时代后期的京都陶工。因最早在京都烧造瓷器而被叫作京烧瓷祖。其本名为颖川庸德，颖川原来是其姓。相传其祖先是明末为避动乱归化日本的中国人，30岁时成为世代经营当铺的京都五条坂丸屋的养子，改姓奥田。在继承家业的同时，有兴趣学习陶艺，进而作陶成为文人陶工。在建仁寺内筑窑，与寄寓该寺的画师田能村竹田一同作陶，同时通过观摩该寺收藏的名贵瓷器，制作出一批不同于伊万里的瓷器，受到藏家的追捧。后又以中国明末的青花和釉上彩的手法创作瓷器，从而形成了京都瓷器的风格，因此也被称为京烧的瓷祖。

[2] 老子，中国先秦时代的哲学家，道家学派的创始人。

[3] 三岛手，即三岛。

[4] 马约利卡，即马约利卡陶瓷，15—16 世纪在意大利烧成的锡釉彩绘陶器，华美的色彩与精巧的描绘是其特征。中世纪末期在西班牙烧制的锡釉彩绘陶器（伊斯帕诺·莫莱克陶器）经过伊比利亚半岛东部的马约利卡岛运来，经马约利卡岛传入意大利出口到法国。其全盛期从 15 世纪末开始，经过约半个世纪的发展，瓷上的绘画用的是丰富多彩的颜料，出现了以古典神话、历史、《圣经》故事等为主题的、被称为“家庭艺术”或怪异的造型等马约利卡独有的样式，描写装饰性的风俗事物。这些美丽的马约利卡陶器的影响到 16 世纪以后，波及阿尔卑斯以北的全欧洲，但是在 17 世纪以后，因代尔夫、麦森等的排挤而衰微，至今仍在南欧各地盛行。

[5] 代尔夫特，位于荷兰西部、南荷兰州的城市。是以金属、电机、电子工业为中心的工业城市。17—18 世纪的共和国时代作为荷兰州的六大城市之一而繁荣起来，盛行以东印度贸易为首的海上贸易。代尔夫特还有“公爵之都”之称。

[6] 古濑户，在日本濑户窑的作品中，施以古濑户釉或铁质黑釉的陶瓷器，与时代的新旧无关。古濑户釉是第一代藤四郎于景正年间从中国宋代学来的天目釉的一种，在濑户使用最古老的釉，多用于茶罐上。也叫“故濑户”，最近的“古濑户”已经非常一般化。

[7] 李王家博物馆，即韩国国立中央博物馆。大韩民国文化体育观光部旗下的国立博物馆，位于首尔特别市龙山区。其前身是隆熙一年（1908）设立的李王家博物馆。其藏品有史前时期至李朝时代的朝鲜半岛的考古出土文物、绘画、工艺品等约 10 万件。代表性的藏品有“德寿宫金铜半跏思维像”等。

插图小注

本书的插图全部都是茶碗类，其中有历史上著名的物品，也有完全无名的物品，还选入了几件新作品。但是，所有的茶碗都是能够打动我心的物品，在日本所有的陶瓷器中，我想茶碗一类是值得大为介绍的物品。又，如茶碗集图录的刊行一样，对其选择缺乏一定的价值标准，多数都是率性为之，总是与玉石混淆，这也是实情。为此，那些非常美的茶碗，一般的茶碗，都能获得同样程度的赞美。我考虑如今是眼睛被蒙蔽的时代，同时又是为“茶”所害的时期，要避开这样的现象。不过日本人的国民素质较好，眼睛也还可以，所以，至少有少数人，对美丑的区别，还是很清楚的。但不幸的是陶瓷历史学家和茶具鉴赏家中这些人却很少，因此，美的目标总是模糊的，错误的茶之趣味有很多。

只是有趣的是，所有的工艺品中，都没有如茶器这般得到细致的观察者，茶器中又没有比茶碗更受关注者。因此，“茶”是以茶碗为媒介的，比什么都便利。许多人对茶碗都拥有知识和见识上的分辨能力。

我在这里选了 14 个茶碗，其中有过去的历史上有名的 7 个，余下的 7 个，是不被今天的茶人们所看好的物品。我之所以加上后者，是要展示现在的茶人的眼睛是如何的懈怠。众多的名器是如何从不知名的各式各样物品中找到并展示的。作为后来的我们难道不应该以添加大名物的数量为任务吗？初期的先驱者们看到的器物的范围，与我们的相比是狭窄的。然而，假如现在的茶人们如同第一代的人一样，不尝试着自由选择，只是对型有兴趣，茶器鉴赏的正宗衣钵传承者是谈不上的。如果能够有自在的眼睛，为何不去开拓广袤又深厚的新天地呢？我感觉应该毫不犹豫地选取无名的名器，所以在这里附加几许例证。

①

◆ 一　大井户喜左卫门 ◆

关于这个茶碗的细微之处，本文将作记录。“茶”的方面将此物作为天下的名器“大名物”陈列起来，近来已经被指定为国宝。但是初代的茶人们发现这茶碗的美，是根据直观的能力，而非依赖国宝的名号吧。对此想不开，我们的直观的力量就不会再度复苏。我想做将名器的种种从没有头绪的世界引出的工作。

直径5寸1分（约17厘米），横2寸8分（约9厘米），高台直径1寸8分（约6厘米）。是不昧公所热爱的物品，如今京都紫野大德寺孤篷庵的收藏物。原来是朝鲜使用的饭碗。虽然也有学者认为这是高丽时代的物品，但这无疑是李朝的东西。“井户”的名称恐怕与“熊川”“金海”是相同的，是从地名来的，但尚未确证。基本上是庆尚南道庆州附近的窑出产的，这个茶碗的原色版以及高台的图片已在杂志《工艺》第五号上刊载，乞请参考。

我对这个茶碗抱有极大的兴趣，长久以来它被称为茶器之王，因为它被认作是最美的物品，我想用自己的眼睛去看看到底是否如此。这样如果是真正的美，其美是以怎样的性质结束呢？我自己收集、热爱、赞美了种种器物，是想要与这天下名器相比较的。

↑
◆大井户喜左卫门◆

②

二　大井户筒井筒

也是“大名物”，是最有名的茶碗之一。与前面的喜左卫门井户非常相似，时代与窑口都非常接近。其造型比喜左卫门更加强烈，在“茶”的一方被认为是大井户的一种，因铭款是“筒井筒”而称之。曾经是筒井顺庆持有的，这茶碗曾多次被毁，但也因此变得很有名。这个茶碗由顺庆献给秀吉时，侍从者不慎将它掉地上碎了。丰公非常不高兴，碰巧作为茶人而有名的细川幽斋在身边，就写了一首和歌作为安慰。

碎为五瓣的筒井筒井户茶碗

请替我承担我的罪孽

这是《伊势物语》中关于筒井筒的歌，以此宽慰了发怒的秀吉。茶碗在这段历史中所缺失的部分如今依然缺失，经过了300年岁月的悠久的山科毘沙门堂传承，近时又被卖出。

作为井户茶碗的代表性器物，其柔和的釉色、高台的风情，特别是“梅花皮”的味道吸引了我的心。然而将其作为与“喜左卫门”同等的茶碗在本书刊载，不因其为所谓“大名物”，只因这样的平凡的茶碗尚且能够成为名器而为人所敬仰，提示了某个道理。口径5寸（约17厘米），长3寸1分（约10厘米），作为茶碗是偏大的，也许源于一食一碗的朝鲜的习惯。

↑
◆大井户筒井筒◆

③

◆ 三　大井户山伏 ◆

这是近期我为民艺馆收集的大井户，根据箱书，是官休庵的旧藏，据其铭款称为山伏。不知是否曾被载入图录过。这样的物品无论怎样，与见过的喜左卫门和筒井筒都是兄弟姐妹般的物品，造型甚为雄大，美得难分伯仲。如筒井筒般破碎的很多，但却不损其美丽。按照“大井户”的惯例也能看到“梅花皮”，高台的味道特别好。用辘轳的手工拉坯痕迹还在器体上残留，进而增添了力量。恐怕这茶碗，与其他有名的东西一样，世间还不知道呢，有名者才得到尊重，鉴赏时也还是不能放心。茶人们以持有人的眼睛的权威为佳，为传承所缚，眼界狭小，不敢与器物相对。高 3 寸 5 分（约 12 厘米），直径 5 寸 3 分（约 18 厘米），高台 2 寸（约 7 厘米），其高度 5 分。

↑
◆大井户山伏◆

④

◆ 四　古萩 ◆

盒子上写的是高丽左卫门作，是否如此难以知道，然而作品看过去是古萩的事确实。这样日本初期仿井户的茶碗，我想有各种各样的吧。这一个是好的例证，作风忠实于井户，后代的造作尚不可见，是因为是早期之作吧，我认为可以被视作较为早期的“荻”。缺少大井户那样的悠悠之情，是朴素的、安静的，甚至是易于使用的。古萩的情况尚未被考证，也许是移居过来的朝鲜人的手艺。是直接受井户影响的。长 3 寸（约 10 厘米），直径 4 寸 8 分（约 16 厘米）。日本民艺馆藏。

↑
◆古萩◆

⑤

◆ 五　熊川 ◆

熊川，据说是根据朝鲜的地名而来的，熊川也有各种各样的，这件属于一般被称作“鬼熊川”的茶碗。然而，也会被当作唐津，来到唐津的初期陶工是朝鲜人，因此，也接受着相同的血脉。挂着微微白色釉的素色茶碗，常常是最好用的产品，这种东西在使用时是那么亲切。茶会上没有比大井户更好的东西，每天一起生活，这方面倒是熊川比较好，是不讨厌的吧。这是日本民艺馆收藏的重要茶器之一。高 3 寸（约 10 厘米），直径 4 寸 5 分（约 15 厘米），高台直径 2 寸 2 分（约 7 厘米），高台通高 6 分 5 厘（约 2 厘米）。

↑
◆ 熊川 ◆

⑥

◆ 六　刷毛目 ◆

刷毛目茶碗据说过去只在茶人之间流传，名字被大家所知道的有“合浦”“残雪”“海内”等，这些因为以前是内传的，早已列入了大名物吧。到现在为止在我看到的茶碗中是最好的名品，是南朝鲜的出品，在李朝的古坟中发掘。在往年去朝鲜时，所幸为日本民艺馆得到。

乍一看刷毛目是谁都能够做到的手法，但最近的作品几乎看不到好的。如果是奔放的刷毛目，马上就会让人产生躁动的感觉。安静而自由的刷毛目，是充分的作家之证。本来刷毛目是用毛刷将白土刷在上面，由不融入质地的部分自然形成，而非刻意为之。这只不过是材料和手法中必然会得到的效果。忘记这个事实就无法了解其美之由来。日本的刷毛目远不及朝鲜的东西，是无视这种必然性，在味道方面的各种意识性作用下使用刷子的结果。刷毛目的作为亦是禁忌。平稳地完成物品的朝鲜工人，内心铭记着这样自由之美使作品诞生，特别是刷毛目是自然的力量。好的东西有品之不尽的味道，是因为没有作为之伤。直径 5 寸 6 分（约 19 厘米），长 2 寸 1 分（约 7 厘米）。是夏日使用的茶碗。

↑
◆ 刷毛目 ◆

⑦

◆ 七　绘三岛 ◆

在已故内山省三先生所藏的茶碗中，这是第一等的藏品，可惜的是在战争的空袭中损毁了。 是朝鲜鸡笼山的作品，白化妆土的味道很足，器物格外的美，简单的纹样又非常好，其色泽也相当美。 假如此作在引拙、绍鸥的年代传入日本，成为世人所赞扬的名器，后来被列于大名物之位的话，现在已是列入国宝的物品了吧，现在仅能以照片一睹原件了。 雅味如此浓厚，但这原来只是民间使用的便宜的杂器而已。 在当地所有的产品中，被其美感所感动者也没有吧。 但是，正因如此才是这样的美，坦率地承认，反对的话语是不被认可的。 长 3 寸 6 分（约 12 厘米），直径 5 寸 1 分（约 17 厘米），高台宽 1 寸 5 分（约 5 厘米）。 参照《工艺》第 13 号的插图 2。

↑
◆ 绘三岛 ◆

⑧

◆ 八　黑高丽 ◆

是高丽时代末期的产品吧，是发掘品之一。日本古代的茶人都不知道这是什么。因此，是不能进入日本茶器的历史的，也许是我孤陋寡闻，但其与同样的黑茶碗相比，如中国的天目、日本的黑乐，绝不是有名的，从而没有“名物”的历史。恐怕原因在于窑口很早就断绝从而没有传至日本的机缘吧。

但是我所看到的，是比天目茶碗和黑乐更好的，我要高看这个黑高丽。与天目相比，更感到温暖而柔嫩，也没有黑乐那样的造作，可以说是抹茶茶碗的上上品。而且与同样是黑的天目之黑相比，它是安静的、柔嫩的，高台亦是偏深的味道。今天剩下的几个物品，如果选出优秀的话，不得不说这是真正的名器吧。与抹茶的绿色的协调格外美，使人看得入迷。长2寸7分（约9厘米），直径4寸8分（约16厘米），日本民艺馆藏。

↑
◆ 黑高丽 ◆

⑨

◆ 九　坚手白 ◆

日本舶来的朝鲜茶碗，恐怕大部分是南朝鲜的产品吧。由于自然地理的关系，可以说日本对朝鲜北方系的碗知之甚少。这个咸镜北道端川的出品，恐怕是汤碗，也可能是酒杯吧。看上去有些廉价，我所见的这个窑的产品，基本上都是无釉、无造作的，无论内外，胎底暴露得很多。但是在那里又使用加色，也进一步加深了雅致。“茶”的方面，对这种釉叫作“破风”，当然，朝鲜的陶工们，不是从趣味出发尝试那样的挂釉方式的。这不是故意的，味道如同深深的泉水，日本的陶工则被造作所淹没了吧。这个茶碗在日本的茶道史上没有出现，只不过是一个无铭款的产品，如果有被初期的茶人们了解的机缘，今天也许会被装入重箱之中吧。长 2 寸 7 分（约 9 厘米），直径 4 寸 9 分（约 16 厘米），日本民艺馆藏。

↑
◆坚手白 ◆

⑩

◆ 十　坚手　铁绘 ◆

这个碗是我所爱的之一，在茶的历史上也许并未推崇过这种器物，恐怕是北朝鲜系的物品，因无法到达日本而结下因缘，如今也不是众所周知的吧。倘若在桃山时代舶来日本，早就被叫作“黑绘手”，或者叫“苇手”之名，得到很高的评价了吧。是内侧为沓形的茶碗，就那样站立着。

比什么都美的，是描绘草的笔迹，那样的自由而准确。是只有东洋的笔才能描绘的线条，加之是只有朝鲜人才能描绘的线条。看似谁都能画的简单东西，实际上谁也无法描绘得了。因为画的心之状态不一样，即使模仿，其内在也模仿不了。反过来说，如果是通向心的话，谁都应该能描绘这样的风格吧。在这里能感受到无尽的问题。长 2 寸 4 分（约 8 厘米），直径 3 寸 7 分（约 12 厘米），是日本民艺馆的藏品。

↑
◆ 坚手　铁绘 ◆

⑪

◆ 十一　筒茶碗　唐津 ◆

唐津的茶碗是并不少的，但就我看来，此物应当是首屈一指的，以列入真正的名器为佳。 此物叫筒茶碗，有“冬眠”之铭款，从作品的角度来看，原来并非是为抹茶制作的茶碗吧。 不如说那里产生了成为抹茶碗的资格，唐津窑是凝固着茶道爱好的作品这一说法难以得到支持，是遥远的不做作。 与“乐”等相比，其工作一直是正宗的。 进入茶人之手的物品，总是以作为为目的的。 结果比起做的东西，自然产生的东西更美。 人类虽然做得好，但往往会犯下做作之罪，在自然的力量作用下，即使做不好也不会错。 这件被视为优秀的抹茶碗的物品，到哪里也没有抹茶碗的臭味。

形较好，微弱的躯干是挺拔的，口缘处严密的形如同花蕾，是多么美。 高台因辘轳变形而中心发生了位移，没有切削的痕迹，器体表面的粗糙感是离“井户”的趣味最近的。 釉色稍稍发青，色泽带有十二分的涩味，其中引人注目的是花纹，配有三个斜拉的“十”字纹。 是极其简朴的，又是充分的绘唐津。 应当是将手边的稻草用黑釉浸泡，不做作地描绘吧。 与用笔的铁绘不同，线条更自然，色泽饱满，呈现出美的饴色。 即使因陈旧而显出枯淡的味道，却达到了东洋美的极致，这才是“茶”之美。 自古就说“茶碗即高丽”，与这样的物品相会难道不应该祝福日本的陶瓷器吗？ 我在编《名器谱》时，没有忘记将这个放进去。 口径 2 寸 8 分（约 9 厘米），高 3 寸 2 分（约 11 厘米），高台宽 1 寸 8 分（约 6 厘米）。 是志贺直哉的旧藏，如今是大原总一郎的藏品。

↑
◆筒茶碗　唐津 ◆

◆ 十二　筒茶碗　巨鹿 ◆

茶碗中除天目外，中国的陶瓷没有被太多提及，仅青瓷和青花吧。正如大家所知，在日本茶碗的种类是朝鲜占据王座的，因为与对抹茶的喜好格外相合。为什么中国的茶碗很少呢？强势过，或冷淡过，或者是高台的味道是乏力的之类的原因很多吧。天目、青瓷、青花，都是中国的作品，是高高在上般的冰冷。

其中可以被认为是上品的是宋窑，这也有适当的物品舶来吧？我在此要谈的是巨鹿，形状大小正好，做茶碗为佳。这种大量制作的物品是民器吧，许多是有盖之物，因此口缘处无釉的物品较多，做茶碗是难以使用的。但是偶尔也有上釉的物品，作为茶碗充分活跃着。这是一个很好的案例，乳白色和抹茶的绿色的对比非常之美。而且干净的肌肤很柔如，是要作为茶器使用的物品之一。高台并无特别的味道，但躯干所见经线上面残留的美是浓厚的，作为茶器应该能够活用吧。如果能早点被认识的话，无疑也能成为茶碗的系列。长 3 寸 6 分（约 12 厘米），直径 4 寸（约 13 厘米），日本民艺馆藏。

↑
◆ 筒茶碗　巨鹿 ◆

⑬

◆ 十三　绳纹绘　滨田庄司 ◆

我在现代日本的作品中选择了两例，在和式陶瓷中，有名的物品是各种各样的，但有名的物品不一定全部都是好的。和式陶瓷的缺点不过是根据趣味的造作，在这一点上无论如何都不能超过朝鲜作品之美，如“乐”就是代表性的物品。如果制作作为茶器的茶碗，必然经由意识之道吧，问题是滞于意识吧，就不能够超越吧。必须有经过造作的不造作物品，与对于禅来讲一切在于修行同样，陶工亦必须越过这严峻的坡路。道不是寻常的，大概在途中会有挫折，或者隐藏趣味才能满足。不如说和式陶瓷茶碗的历史，现在才真正起步。在现代恐怕能够给予最佳解答的，是滨田庄司的茶碗吧。这个事实必须得到茶人们的认可的时机到了，这绝不是重蹈既有前例覆辙的茶碗吧。先全部变成自己的东西再好好处理，绝对不止是模仿志野、织部、唐津一样的物品，而是由传统滋养的一个别开生面的世界。此物展示了对日本传统的活用，甚至更进了一步。纹样的技法是根据对绳纹纹样的消化而来。

↑
◆ 绳纹绘　滨田庄司 ◆

◆ 十四　琉璃刷毛　河井宽次郎 ◆

作者并未将茶器当作自己的长远工作，因此，作品多数都是不能直接用于茶的器物。 尤其是技艺高超的作者，做什么都能获得成功。 如往年的油滴天目，充分显示了其才能。 然而他却放弃了这样的艺术道路，做了历史上不多见的开拓性的工作，这个茶碗就是其中的一例，这样的作品是过去没有见过的。 青花是作者下功夫的东西，色泽非常涩，那也是用自由的刷子涂的，浓淡的层次是自然而成的。 纹样是纹描，形亦是朴素而易于使用的。 所谓茶器，极易落入旧的形式，但在这里是新鲜的，倒不如说是受新的“茶”的诱惑。 河井的茶碗是偶尔做的，形色与纹样虽缺少寂静，但我将这一个物品，作为新的茶器来看待。 茶器也不需要一如既往地停滞不前。

↑
◆ 琉璃刷毛　河井宽次郎 ◆

译后记

这本书是我在病中完成的。

2017年8月，去福州考察了十余家漆器企业，接着又直接飞去成都盘桓了三天，为当地的手艺人讲了几课，考察了成都漆器厂等单位，参观了成都市博物馆、四川省博物馆、省非遗中心展示厅、国际非遗节场馆等。连续一周奔波，疲劳至极。回来参加江苏省的“艺博杯”大赛的活动，下午演讲结束后，被朋友发现嘴巴歪斜，口齿含糊，于是急送解放军南京总医院（现中国人民解放军东部战区总医院），随即送进抢救室，被告知是脑干部位发生脑梗，病情严重，幸亏及时去医院抢救，经采取措施后，已无生命危险。

躺在抢救室的病床上，听着床头的仪器发出咝咝的声音，心想：竟然被抢救了，真是有意思。夜里发作了一次，口不能言，护士发现后叫来医生，加了一些药物，还吸上了氧气。感觉舒服了许多，随之又睡了过去。第二天白天各种检查完成，又躺了一夜，平安无事。第三天医生查房时告知，可以转普通病房了。

接着，在总院的神经内科病房住了三周，每天测血糖、血压以及做各样的检查。医生护士都是军人，态度和善，但坚持原则。午餐后便不让出房门，住院期间学会了睡午觉。许多朋友和学生得知此事，纷纷来医院探视；多方领导以各自的方式，表达了慰问；在校的学生们更是每日陪伴，帮助做了很多事情。

出院后进行了康复训练，主要是走路。我的学生们自发地排出班次，每日陪同，走遍了仙林周边的商业网点。身体就在这走路的过程中，逐渐好了起来。出院三个月时去总院复查，医生说可以做一些轻微的脑力劳动，也算是康复手段的一部分，以不累为前提。正好手边有一整套《柳宗悦选集》，其中有一本《茶与美》，是由一篇篇的论文组成的，翻译起来应该是不累的。先把手上的译本《工匠之国》的扫尾工作完成，接着就开始了《茶与美》的翻译。又是三个月过去，《茶与美》的译稿完成。

《茶与美》是柳宗悦的重要美学著作，与《物与美》《民与美》共同构成了美的系列，是柳宗悦的"用之美"思想的系统阐述。读过此书后，会对柳宗悦的美学思想有一个比较深入的了解。同时，这样的写作方式也是别开生面的，将高深的理论用最通俗的话说出来，或许会对国内的学者有所启迪。

生一次大病，鬼门关前走一趟。回来却获得了许多温暖，获得了许多友谊，获得了许多关爱，也获得了许多保健的知识，可以在今后的生活中更加注意养生。同时，将《茶与美》译成中文出版，也是兑现对柳宗理先生（柳宗悦之子）的承诺之一。

愿读者开卷有益！愿大家健康长寿！

庚子年腊月初三日记于金陵仙林